完全SIer《エスアイアー》脱出マニュアル

池上純平 著

究所

SIer《エスアイアー》とは

企業や官公庁などの情報システムの
構築を請け負う業者

■ 本書について

- 本書に記述されている製品名は、一般に各メーカーの商標または登録商標です。
なお、本書では™、©、®は割愛しています。
- 本書は2019年5月現在の情報で記述されています。
- 本書は著者・編集者が内容を慎重に検討し、著述・編集しています。ただし、本書の記述内容に関わる運用結果にまつわるあらゆる損害・障害につきましては、責任を負いませんのであらかじめご了承ください。
- 本書は技術書典5(2018年10月8日)にて頒布した同名同人誌を加筆・修正したものです。

はじめに

「いまの仕事は楽しいですか？」

そんな質問を投げかけられたら、あなたはどう答えるでしょうか。かつての私であれば、「楽しさを感じることもあるけれど、つまらないことがほとんど」と答えるでしょう。あるいは、そもそも「仕事が楽しい」という状態を体験したことがないので、「寝る時間を削ってまでつらい仕事をする人よりはマシ」などと自分を納得させていたかもしれません。筆者を含め、これまで話を聞いたことがあるSIer出身のエンジニアの多くが、SIerやＳＥＳ企業にいたころは自分らしく楽しい仕事ができていなかったと語っています。

しかし、一度だけでも「心から楽しめる仕事」を経験してしまうと、もうつまらない仕事を我慢しながらこなすことはできなくなります。「自分も楽しく働けるんだ」「楽しく働いてもいいんだ」ということがわかると、人生の大部分を占める「仕事」に対する心理的な負担が大きく減り、生きることがグッと楽になります。

「いまの仕事も続けていればいつかは楽しくなる」と思うかもしれません。しかしながら、多くの場合、その予想は希望的観測によって歪められています。自分の心理的な傾向や周囲の状況が短期間で都合良く変わるというのは、あまり期待できることではありません。一方、適切な行動を積み重ねれば、短期間で仕事を変えることは現実的に可能です。

この本は、「SIerやＳＥＳ企業で楽しく働けていない人が、転職などによって楽しく働けるようになるまでをサポートするためのマニュアル」です。SIerやＳＥＳ特有の記述も多いですが、それに限らず「楽しく働きたいすべてのエンジニアの方」に向けて書かれています。また、転職したその後で目指すべきキャリアの方向性についても選択肢を示すことで、一生楽しく働くために何をしたらいいかを選ぶ上でも役に立つ内容になっています。

本書でこれから繰り返し語られるように、すべての人がSIerを「脱出」すべきだと主張したいわけではありません。SIerは社会の重要なＩＴシステムを支えるとても重要な存在であり、その中でやりがいを持って働いている人が多く存在することも事実です。

しかし、かつての筆者がSIerの中で強く感じたように、エンジニア個人として生産性を高くし、楽しく働きたいと考えたときに、SIerの一部の開発現場はそれに適した環境ではありません。エンジニアを雇用する数多ある会社の中でも、エンジニアにとって心から楽しく働くことができないような現場は、SIerに比較的多くある印象を受けています。こうしたミスマッチの多くは、特定の個人や会社にではなく、ＳＩ業界全体の構造や商慣習に起因しています。

筆者自身も、新卒で大手SIerに入社し、ミスマッチを感じてベンチャー企業にWebエンジニアとして転職した経験があります。そのときに大幅に仕事が楽しくなった経験から、「楽しく働くエンジニアを増やしたい」という思いで本書を書いています。

ただし、この本に書かれていることは、自分ひとりの経験だけを根拠に主張しているものではありません。私は仕事で中途採用面談を担当しており、これまでに累計

１５０人以上のエンジニアとキャリアの話をしたことがあります。副業ではエンジニア向けキャリア相談サービスのメンターもしています。また、仕事以外でも、趣味でエンジニア向けのポッドキャスト配信をしており、50人以上のエンジニアをゲストに呼んでその半生について聞いています。こうした活動を通じて数百人のＩＴエンジニアと話す中で得た気付きが、この本にまとめられています。

この本で最も伝えたいのは、仕事を楽しく感じない人でも、然るべき行動を積み上げれば、心から楽しく働けるようになるということです。つまらない仕事ばかりしていると、「仕事は楽しくないものである」という嘘をつい信じてしまいます。退屈な仕事の中から少しばかりの楽しさを拾い集めて自分を慰めることに、慣れてしまいます。一方、世の中を広く見渡せば、遊ぶように働く人、心から仕事を楽しいと感じながら働く人は、たくさんいます。それは遠い世界の話ではありません。重要なのは、あなた自身が、環境を変えて楽しく仕事をし始める可能性を持っているということです。

人生において仕事が占める割合は、時間的にも重要性においても、無視できないほど大きなものです。仕事を楽しむことができるようになれば、もっと自分の人生を好きになることができます。ぜひ本書を通じて、楽しく働くために明日からできることについて、一緒に考えていきましょう。

対象とする読者

本書は、次のような読者を対象としています。

- SIerやSES企業でSEや開発をしていて、毎週月曜日の朝に仕事に行くのがつらい人
- いまよりもっと楽しく働きたいエンジニア

目指す状態

この本を読んで行動することで、読者が次のような状態になることを目指しています。

- 「仕事が楽しい！」と友人に自信を持って言える
- 労働時間や年収にある程度、満足している

本書におけるSIerの定義

本書で「SIer」と表記するとき、およそ次のような企業のことを指しています。

- 中・大規模なシステムの受託開発案件を、比較的大人数で実施している
- 自社内だけではなく、たくさんの協力会社の人員を組み合わせてシステム開発をする
- ウォーターフォール型開発、Excel仕様書、枯れた技術を好んで使う

SES企業などSIerのエコシステムの中でサービスを提供する企業についても本書の対象に含めています。

なお、この定義によれば「受託開発」を主にしているというだけでは、SIerには該当しません。たとえば、Web制作会社などはこのSIerの定義には含まれません。

本書の始めの2章では、具体的なアクションに踏み出す前に知るべき知識について説明しています。第1章では、働く場所としてのSIerを深く知るために、多くのエンジニアがSIerを去る理由について、その業界構造や工数見積もりなどの商慣習から考えます。第2章では、自分のこれからのキャリアを考えるための材料として、世

の中の仕事、企業、エンジニアの活躍方法などがいかに多様であるかを紹介します。また、転職や転職活動の価値について考察します。

第3章では、実際にSIerからエンジニアとして転職をする場合を想定し、具体的なアクションを7つのステップに分けて解説します。1回目の転職を成功させるために、本書のタイトル通り「マニュアル」の型にはめて、誰もが共通のステップをたどる形式をとっています。

最後の2章では、転職した後も一生楽しく働き続けるためにどうすればいいかについて、選択肢を提示しています。ここから先は、人によって選択が大きく異なり、マニュアル化できない領域になってきます。第4章では、多様なエンジニア像を浮き彫りにするために、事業、役割、就業形態の3つの観点でキャリア選択の多様性を網羅的に紹介します。第5章では、キャリア選択の幅を広く保ち続ける方法について、スキルセット、目立った実績、人のつながりの3つの要素から考えます。

CONTENTS
目次

はじめに …………3

第1章 なぜ「エンジニア」はSIerを去るのか

「IT企業のエンジニア」を志望する学生の選択 …………16
SIerの「エンジニア」の一日 …………18
なぜミスマッチが起こるか？ …………21
こんなはずではなかった… …………29
コラム 私がSIerに入社した理由と去った理由 …………30

第2章 自分や環境を変えるための前提知識

楽しく働くために捨てるべき誤解 …………34
楽しくて仕方がない「仕事」というのが、この世の中には実在する …………36

「成長」をするほど、楽しい仕事に近づける …………38
「IT企業」を理解するための5つの軸 …………40
コラム 「Web系」という言葉について …………51
「ベンチャー企業」は怖くない …………53
コラム 「ベンチャー」と「スタートアップ」と「中小企業」 …………59
「エンジニア」の活躍方法はプログラミングだけじゃない …………61
コラム マルチな役割を担うエンジニアの例 …………64
「転職」をすることは、悪いことではない …………66

第3章 完全SIer脱出マニュアル

楽しく働くための7つのステップ …………72
ステップ0：精神を病みそうな場合は、今すぐ会社を辞める …………74
ステップ1：1人でできるインプットとアウトプット …………80
ステップ2：社外の人の話を聞きにいく …………98

コラム 「カジュアル面談」とは何なのか？……110
ステップ3：会社にいながら自分の環境を変えられないか試みる……112
コラム やりたいことがわからない人は、まだ転職活動をするべきではないのか？……118
ステップ4：転職活動で語れる実績を作る……119
ステップ5：転職を見据えた会社選びをする……126
コラム 私の担当だったエージェントについて……137
ステップ6：採用選考を受けて内定を得る……139
コラム とあるWeb系ベンチャー企業の面接担当者が見る評価ポイント……155
ステップ7：内定が出た会社の中から、転職先を選ぶ……157

第4章 転職したその先のキャリア

長期的なキャリア選択にマニュアルはない……166

どんな事業に関わるか……168
どんな役割を担うか……175
どんな就業形態で働くか……194
コラム エンジニアとしてのキャリア選択の例……199

第5章 一生楽しく働くために

キャリア選択の幅を広げる3つの武器……204
スキルセットのユニークさを高める……206
目立った実績をつくる……211
つながりを広げる……223

おわりに……227

第1章

なぜ「エンジニア」はSIerを去るのか

「IT企業のエンジニア」を志望する学生の選択

新卒の就職活動について、考えてみましょう。就活をしている学生の一定数は、「IT企業のエンジニア」として就職したいと漠然と考えています。情報系だから、手に職を付けたいから、営業をしたくないから、など、その理由はさまざまです。しかし「IT企業のエンジニア」に対して抱くイメージは、およそ似通っています。それは、「プログラムを書いて、世の中のモノをより効率的で良いものに変えていく存在」というイメージです。

「プログラムを書いて働きたい」という思いを持った学生たちの多くは、多くの企業群の中で、結果的に「SIer」と呼ばれる種類の企業を志望します。SIerの次の特徴が、その主な理由です。

- 会社の数が圧倒的に多い
- 学生のときのプログラミング経験はそこまで重視されず、比較的楽に入ることができる学生たちは、人によっては「SIer」という言葉を知らずに、その中の「システムエンジニア（SE）」や「プログラマー」などといった職種に応募し採用されます。「IT企業のエンジニア」とはどこの会社も似たようなもので、すべては目の前の仕事の延長線上にあると、最初は信じて働き始めます。

しかし、SIerに就職したエンジニアの一部は、入社から数年経たずに辞めてしまいます。その多くは自社サービスをやっている会社や筋のいい受託開発会社に転職し、そして二度とSIerには戻ってきません。なぜこのような事態が起こるのでしょうか？

SIerの「エンジニア」の一日

下記は、筆者がSIerでSEとして「パッケージ開発」に関わっていたころの、ある一日の仕事です。もちろん会社や現場によって開発のやり方は異なりますが、一例として紹介します。

●8:40 出社
○SIerの朝は早い

●8:45 メールチェック
○社内の非同期コミュニケーションのほとんどは、メールで行われます
○チャットツールも全社導入されていますが、マネージャーは誰も使っていません

●9:00 「Excel」で設計書の修正
○担当する仕様変更の設計書（Excel）が前日の会議レビューを通ったので、指摘事項を修正します

● 10:00 ソースコードの修正

○ バッチ処理に関する文言修正だったので、COBOLで該当箇所を書き換えます

○ Gitは使えないので、VSSというバージョン管理ツールで修正をチェックインします

● 12:00 昼食

○ 社員食堂で上司やトレーナーと一緒にランチをします

● 13:00 手動テストの実施

○ 次のリリースが近いため、テスト要員として駆り出されます

○ 自動テストはないので、テスト仕様書(Excel)に沿って手動で画面操作をします

○ 操作の結果は、Excelにスクリーンショットを貼って保存していきます

● 18:00 紙納品のために設計書を印刷

○ 顧客から設計書の紙納品を頼まれたので、大量のExcel設計書を1つずつ開いて印刷します

○ 印刷した紙は、きれいにファイリングして段ボールに詰めていきます

○ ちなみに、この設計書が顧客に読まれることはないそうです

●20:00 帰宅

読んでわかるように、実際にプログラムを書く時間はかなり限られています。むしろ、Excelドキュメントに向き合っている時間が業務のほとんどです。もちろん、設計やテストもエンジニアリングにおける重要なトピックです。しかし、当初抱いていた「IT企業のエンジニア」のイメージは、「プログラムを書いて、世の中のモノをより効率的で良いものに変えていく存在」でした。このイメージと前述した例との間には、かなり乖離があるように思えます。

なぜミスマッチが起こるか？

改めて、「プログラムを書いて働きたい」と言って入社した人がなぜSIerでミスマッチを感じて転職するのかを、整理します。

いわゆる「ソフトウェア開発」とのギャップ

世界的に著名なプログラマーや日本のWeb界隈で有名なエンジニアなどを「Twitter」でフォローしていると、ソフトウェア開発に関する記事がタイムラインに流れてきます。しかし、そこに書かれている内容は、SIerで行われている多くの開発とあまりにもギャップがあります。

たとえば、次のようなギャップです。

- デファクトスタンダードのように語られているGitもGitHubも使われる気配がない
  - 酷い場合は、フォルダ名に日付を付けて履歴管理している

●コードレビューが軽視されている
○設計書のレビューが通れば、コードのレビューはする必要がないと思われている
●自動テストのためのテストコードがない
○当然のように手動テストをする
●上司が「Slack」や「ChatWork」などのビジネス向けチャットツールを知らない
○チャットは失礼なので仕事ではメールを使う
●COBOLなどの枯れ切った技術を使っている
○しかし、インターネットに公開されているCOBOLの解説記事はほとんどない
●そもそもコードを書く時間よりExcelを触っている時間の方が長い
○主従関係でいうと、Excel設計書が主で、ソースコードが従

もちろん、プロジェクトに合った技術やツールの選定は必要です。しかし、Twitterや「はてなブックマーク」で上がってくる技術系の記事を見れば見るほど、「自分がやっていることは、世間で行われている最新のソフトウェア開発とは違う」ということに気付いて落ち込んでしまいます。

SIerの特徴として、「技術やツールの選定に際してリスクを取りにくい」という点があります。その理由としては、次の点が挙げられます。

- 開発に使用する技術やその検証に使う工数を、顧客と合意する必要がある
  - ○顧客と合意できなければ、モダンな技術を取り入れることができない
- 要件を満たすことが目的化しやすく、リスクを取って新しいものを導入するインセンティブが少ない
  - ○実績のある枯れた技術を使う方が、リスクを回避しやすい
- プロジェクトごとに技術ノウハウが蛸壺化しやすい
  - ○プロジェクトを超えた技術交流が少なく、そもそもモダンな技術情報について知らない

もちろん、モダンな技術や最新のツールがすべて良いわけではありません。しかし、広く使われる標準的な技術であればあるほど、関連するOSSやドキュメントが多い、そのスキルを持っているエンジニアを採用しやすいなど、多くの恩恵を受けることができます。一方、自社グループでミドルウェアやプログラミング言語を開発して

いるSIerであれば、あまり標準的ではないベンダー独自技術を使っていたりします。
会社の中で働く個人としても、外の世界と開発環境のギャップが大きいほど、「他の会社では役に立たない汎用性のないスキルを身に付けている」という感覚が強くなります。長く勤めれば務めるほど、「もう他の会社では働けない」という閉塞感に苦しむ人が出てきます。

「工数見積もり」の世界では、生産性を上げると売上が下がる

一般的な職場では、仕事上の生産性を上げることで、残業を減らしたり売上を上げたりすることを目指します。世間一般に言われる「良いITエンジニア」も、ソースコードを簡潔に書くことで管理すべきコード量を減らし、可読性を高めてメンテナンスコストを下げようとします。

ただし、SIerでは昔から「工数見積もり」や「ステップ数見積もり」が行われています。あるソフトウェアを開発するとき、なるべく多くの時間をかけて、なるべく多くのステップ数のソースコードを書けば、見積もり金額が増えます。めでたく受注できれば、それが売上として計上されます。

こうした見積もり手法によって、生産性を上げようとする文化が阻害されています。たとえば、手動で実施していたテストをテストコードを書いて自動化し、全体として生産性が1・5倍になったとします。単純に「工数見積もり」で計算した場合、顧客に提示する見積もり金額の根拠である工数は三分の二に圧縮されます。当然、システム納品の対価も三分の二になるので、SIer側が得られる売上も三分の二になってしまいます。驚くべきことに、「生産性を上げると売上が下がる」わけです。

「ステップ数見積もり」を行っている場合でも、ソースコードの行数でシステムの価格が評価されます。「生産性を上げるためになるべくわかりやすく短いソースコードを書こう」とすると、結果的に売上が下がってしまうのです。

もちろん、「顧客1社当たりの売上が下がったとしても、浮いた時間で他社の仕事も受ければいい」という意見もあります。しかし、大規模案件が多いSIerの場合、受注する顧客数や案件数を急に増やすというのも難しいです。

エンジニア一個人としても、次の理由から、「個人としての生産性」が上がると「個人としての幸せ」も向上する傾向にあります。

- 同じ仕事をより短時間で終えれば、趣味や自己投資の時間を確保できる
  - ○仕事以外の時間を、気分転換や今後のキャリア形成に使える
- やる必要のない無駄な仕事や誰でもできる仕事をしても、自己実現につながりにくい
  - ○逆に自分の仕事が価値を生んでいる実感が強いほど、自己肯定感も上がりやすい
- 労働市場では一般に、生産性が高い方が年収が高い
  - ○持っているお金が多い方が、人生の選択肢を広げやすい

このように、「工数見積もり」や「ステップ数見積もり」の世界では生産性を上げることが評価されにくく、個人としての幸福追求と矛盾します。

ロールモデルがいない

職場に「将来こうなりたい」と思える人がいることは、個人のキャリアにとって非常に重要です。学生のころの専攻や学科の選択と比べても、キャリアにおける選択肢というのは数え切れないほど多いです。そんな中で、いま目指すべき方向を教えてくれる上司や先輩がいるというのは、特に若いエンジニアが抱えるキャリア選択

への不安を軽減してくれます。

若いエンジニアの「ロールモデル」になりうる人は、一般に次の要素を持っています。

- 知識やスキル面で強みを持っている
  - ○特定の技術に詳しい、幅広いトピックに精通している、メンバーの生産性を上げるのに長けている、など
- プロダクトを良くするために働いている
  - ○エンジニアとして、プロダクトの品質や価値に対して貢献できている
- 自分より少しだけ年上
  - ○自分の数年後の未来と重ねあわせることができる

しかし、「知識やスキル面で強みを持って」活躍したいと考える人の大半は、生産性を上げることが高評価につながる現場を好みます。そのような現場を選んだ方が、自分にしかできないチャレンジングな開発を任されやすく、スキルも年収も上がりやすいからです。前述のように、レガシーなSIerでは生産性を上げたからといって必ずしも評価されるわけではありません。

同様に、レガシーなSIerの中では、必ずしも「プロダクトを良くするために働く」人が評価されるわけではありません。「自分の部署の利益を最大化する」とか、「自分のチームに責任が押しつけられないようにする」といった行動が評価されることすらあります。

そもそも顧客に納品するシステムは要件が最初から決まっていることが多いです。それを決められた工数以内に満たすことが、多くのSIerにとって一番の目的です。その目的を超えてプロダクトを良くしようと時間を割くのは、無駄な仕事を増やすだけだと判断されがちです。

また、歴史が長い案件が多い場合、若いエンジニアが極端に少ないケースがあります。歳が離れているほど、置かれている状況や持っている知識が異なるので、キャリアの参考にしにくいです。

以上の理由から、多くのSIerでは「数年後になりたいロールモデル」を見つけることが非常に難しいです。若いエンジニアにとっては、自分のキャリアに対する迷いや不安を解消しにくい状況といえます。

こんなはずではなかった…

「ＩＴ企業でプログラムを書いて働きたい」という思いでSIerのエンジニアに採用された学生からしてみれば、「ＩＴ企業」といわれる会社群にどのような違いがあったのかなんて知る由もありません。

本当はインターネットの世界で話題に上るモダンな「ソフトウェア開発」がしたかったのに、入社した会社ではExcel方眼紙や聞いたこともないレガシーなツール群に向き合う時間ばかりが増えていきます。無駄な仕事を減らすために工夫してみても、「工数が圧縮されると売上が下がる」と言われて、評価されるどころか怒られてしまいます。悩みを相談しようにも、歳の近い優秀な先輩はすでに別の会社に転職してしまいました。

こんなはずではなかった、どうすればいいのだろう。本書では、そんな疑問にできる限り具体的に答えていきます。

コラム 私がSIerに入社した理由と去った理由

著者である私も、新卒で入社した大手SIerを20代中盤で退職し、とあるベンチャー企業に転職をしました。

私が大手SIerに入社した理由は、次の点です。

- 公共性の高い仕事がしたかった
- ITに関する知識を身に付けて、キャリアの選択肢を広げたかった

前者の理由は十分に満たすことができましたが、問題は後者の理由でした。ITに関する基礎的な知識を身に付けることはできましたが、思った以上に世間一般のモダンなソフトウェア開発との乖離が大き過ぎました。

SIerを去った理由は、正直に言うと次の通りです。

- 無駄だとわかっている仕事をやり続けることに疲れた
- その企業やSI業界の中でしか使えない技術だけしか身に付かない状況に、焦り

●自分と考え方がまったく違うおじさんたちと話を合わせるのがつらくなった
を感じた

ポジティブに言い換えると、次の通りです。

●個人としてより高い生産性を求められる環境で、自分を試してみたくなった
●生産性が高くモダンなWeb技術や開発手法を使った汎用性のあるスキルを身に付けたかった
●若くて活気のある会社で、新しい価値を社会に届けるような仕事がしたかった

SIer出身のエンジニアに話を聞いていても、概ね似たような理由で転職をする人が多いです。

まとめ

●ＩＴエンジニアを目指す学生の多くは、SIerにおける仕事の実態を知らないままに入社する

●一般的なSIerの開発現場では、モダンで標準的な技術の採用を顧客と合意するのが難しい

●工数見積もりの世界では、生産性を上げると売上が下がるので、優秀な人が評価されにくい

第2章
自分や環境を変えるための前提知識

EXIT

楽しく働くために捨てるべき誤解

この本では、SIerでの仕事をつまらないと思っている人が、心から「楽しい」と感じながら働けるようになることを目指します。それには、自分や周囲の環境を、何らかの方法で変える必要があります。

その第一歩として、自分や自分が置かれた環境について、客観的に正しく理解しましょう。いま自分が持っているカードを並べ、眺め、次の選択肢を正しく評価することで、その時点で取りうる最善の選択ができるようになります。

この章では、次の言葉に対して抱く画一的なイメージを打破していきます。

- 「仕事」
- 「成長」
- 「IT企業」
- 「ベンチャー企業」
- 「エンジニア」

●「転職」

これらの言葉は、過度に一般化して使われる中で、多くの場合は誤解されています。事情をよく知らない人の言葉をただ鵜呑みにしていては、妥当な判断をすることはできません。この6つの言葉を題材にして、楽しく働くために知るべきことを整理していきます。

楽しくて仕方がない「仕事」というのが、この世の中には実在する

いまの日本社会では、「仕事というのはつまらないのが当たり前だ」という感覚が強いです。苦労をするのが当然で、楽しそうに仕事をするのは不謹慎だ、という風潮すらあります。しかし、「楽しくて仕方がない仕事」というのが、この世の中には実在します。

仕事がつまらないと感じる人は、なぜつまらないかを思い付く限り挙げてみましょう。たとえば、次のような項目が出てくると思います。

❶仕事全体の中で自分が関わる範囲が狭く、仕事のフィードバックが受けづらい
❷自分のやりたいことや得意なことと仕事内容がズレている
❸成長を実感できない
❹プロダクトを良くすることに寄与しない仕事が多い
❺もっと効率化できるはずの無駄な仕事が多く、忙しい
❻上下関係が厳しく、上長や派遣先社員の理不尽な決定に従うばかりで、裁量が小さい

❼職場の人と経歴や年齢が離れ過ぎて、話が合わない
❽自分の仕事が社会を良くしている実感がない

世の中のすべての仕事が、仕事をつまらなくするこれらの要素をすべて有しているわけではありません。たとえば、規模の小さなチームや企業であれば、自分で仕事の範囲ややり方を決めやすく、❶〜❸の要素を回避しやすいです。生産性を上げようという文化がある職場ならば、❸〜❺の要素を解消できるでしょう。できてから間もない企業であれば、一般に若いメンバーが多く上下関係が薄いので、❻〜❼の要素は該当しないことが多いです。会社のミッションや作っているプロダクトに共感できる会社であれば、❽の要素を感じるはずはありません。

「つまらない仕事」に慣れてしまうと、「楽しくて仕方がない仕事」がこの世に実在するということを、にわかには信じられなくなります。

しかし、「心の底から楽しいと思って仕事をしている人」は、実際にはたくさん存在します。本書が目指す状態の1つは、「仕事が楽しい！」と友人に自信を持って言えることです。誰であっても、いまより楽しく仕事をする余地は残されています。

EXIT

「成長」をするほど、楽しい仕事に近づける

本書では、「成長」の話が頻繁に登場します。「楽しく働くこと」と「成長」にはどのような関係があるのでしょうか？

読者の方の中には、「別に成長しなくても、いまのまま不自由なく暮らせるならそれでいい」と考えている人が多いかもしれません。しかし、少し手を伸ばして「楽しく働く」ことを目指すなら、「成長」することが必要になるケースが多いです。

「成長」とは、「チャンスをつかみやすくするための準備」です。成長すると、仕事にまつわるスキルが、いま目の前の仕事をこなすために必要な水準よりも、少しだけ高くなります。少し高いスキルを持っていると、楽しそうな別の仕事が舞い降りてきたときに、少し背伸びしてその仕事に手を届かせることができるようになります。

自分のやりたいことを実現できるような企業に、転職するチャンス。新しく社内で始まったプロジェクトに、メンバーとして選ばれるチャンス。楽しく働けるチャンスは、いつどこで遭遇するかわかりません。そんなチャンスをつかみ取るための

準備が、「成長」だといえるでしょう。

また、逆に、「楽しく働く」ことで、仕事に前向きになり、さらに「成長」できるようになります。楽しく働いている状態では、事業やプロダクトのために解決すべき問題をどんどん探し、少し手を伸ばして自ら解きにいくようになります。いままでの経験やスキルだけでは解けない問題にも挑戦するようになるので、自然と成長していくというわけです。

そんな「成長」と「楽しさ」のサイクルを回していくことで、「楽しくて仕方がない仕事」に近づくことができます。

「IT企業」を理解するための5つの軸

前章で述べたように、新卒でエンジニアを志した人の多くは、「IT企業」という漠然としたイメージの中で就職先を決めていきます。「SIer」という存在を客観的に理解するためには、「IT企業」という言葉をより精緻に分類する必要があります。

ここでは、ITエンジニアとして働く際の会社や開発案件を、5つの軸で分類します。

- IT企業／非IT企業
- 受託開発／自社サービス開発
- 外部発注／自社開発
- オンプレミス／クラウド
- レガシー企業／ベンチャー企業

かなり乱暴な分類ですが、ざっくりとSIerという環境の特徴を理解するのには役立つでしょう。ちなみにSIerの多くは、それぞれの軸の上側に属します。

IT企業／非IT企業

そもそも、「ＩＴ企業」という言葉の定義はとても曖昧です。「ＩＴシステムを利用してしている会社」とすると、現代のほとんどの企業は「ＩＴ企業」といえるでしょう。「ＩＴ人材やそのスキルを他社に向けて提供している会社」とする場合、自社サービスの開発をしている会社は定義から漏れてしまいます。言葉の使われ方から考えると、「ＩＴ企業」の定義は「社内にいる一定割合の人が、ＩＴを使ったサービスやプロダクトの開発や運用に従事している」くらいがよさそうです。

SIerや自社サービスを開発する「ＩＴ企業」ではなく、「非ＩＴ企業」で社内ＳＥや情報システム部門のエンジニアとして働くという道もあります。

働く人にとっては、一般的にそれぞれ次のような特徴があります。

● 「IT企業」
- ○エンジニアが多いので、ロールモデルを見つけやすい
- ○ソフトウェアやシステムの開発や運用に直接的に関われるので、エンジニアとしての経験を積みやすい

●「非IT企業」

○システムを発注する側として、システム調達や要件定義に関われる

○社内にエンジニアが少ないので、人材としての希少性を出しやすい

「非ＩＴ企業」の場合は自社のシステムを社内開発することができないので、外注したり既存ソフトウェアを使ったりすることになります。そのため、自ら開発に従事するというよりは、SIerやソフトウェアベンダーに対して発注する立場で働くことが多いという特徴があります。なお、「ＩＴ企業」と「非ＩＴ企業」に共通の仕事として、社内の情報機器やネットワークを管理するような役割は存在します。

もちろん、「非ＩＴ企業」の中で希少なエンジニアとして活躍することで得られるメリットもたくさんあります。しかし、特に若いエンジニアであれば、エンジニアの数が多い「ＩＴ企業」で働いた方が、エンジニアとしての多様な働き方に触れることができ、キャリアの選択肢を広く学ぶことができます。

受託開発／自社サービス開発

「ＩＴ企業」を大きく分ける軸の1つが、「受託開発」か「自社サービス開発」かです。働く人にとっては、一般的にそれぞれ次のような特徴があります。

- 「受託開発」
  - ○開発環境の異なるさまざまな案件で経験を積みやすい
- 「自社サービス開発」
  - ○ユーザーから直接、声を聞きやすい
  - ○プロダクトの質を上げることに集中しやすい

「受託開発」の場合、開発サイクルが短ければ、1つの会社に所属していても、さまざまな開発案件に関わることができます。案件ごとに技術スタックや要件が違えば、エンジニアとしての経験の幅が広がります。

一方、「自社サービス開発」だと、多くの場合は明確な納期がなく自分たちのペースで開発ができます。また、ユーザーから直接フィードバックをもらいやすく、サービスの質を上げることに集中することができます。

技術や開発手法に興味がある人であれば、さまざまな開発環境を試せる受託開発の方が向いているかもしれません。逆に自分が関わるサービスやプロダクトに関心があり、その質を上げたい欲求が強い人は、自社サービス開発の方が向いているでしょう。

なお、Web系大手企業やメガベンチャーなど、社内異動が多く自社で新規事業をたくさん抱えている会社であれば、自社サービス開発であっても「開発環境の異なる多くの案件で経験を積みやすい」というメリットを享受できることがあります。

外部発注／自社開発

開発自体を誰がするのかという点で、下請け会社などに「外部発注」するか、社員のエンジニアが「自社開発」をするかも重要な違いです。ここでは、受託開発案件を自社で開発する場合も「自社開発」に含めます。

働く人にとっては、一般的にそれぞれ次のような特徴があります。

- 「外部発注」
  - ○プロジェクトマネジメントや要件定義を経験できる

●「自社開発」
○自ら直接、開発業務に関わることができる

「外部発注」をしているプロジェクトで発注側に回ってしまうと、自分でコードを書く機会は極端に少なくなります。たとえば、一次受けSIerのSEであれば、人員の管理や顧客との折衝がメインの業務で、実際の開発業務はパートナー会社のメンバーが実施するケースがほとんどです。

そのため、プログラムを書くことを仕事にしたいエンジニアは、「自社開発」をしている会社やプロジェクトで働く必要があります。「自社開発」であれば周囲に自分と同じ立場で開発に従事する先輩がいるはずなので、彼らの背中を見ながら自分のキャリアを形成していくことができます。

なお、SES企業の場合、受注側として開発に関われますが、自社ではなく発注元の会社に常駐して開発をすることが多いです。その場合、自社の先輩と一緒に仕事をする機会が少なくなりがちで、目指すべきロールモデルを見つけにくいという欠点があります。

オンプレミス／クラウド

エンジニアとしての仕事の内容を左右する違いとして、「オンプレミス」か「クラウド」かという区別があります。

働く人にとっては、一般的にそれぞれ次のような特徴があります。

● 「オンプレミス」
○ ハードウェアの発注、構築、保守管理の仕事が発生する
○ 実際にサーバーがある場所での作業が必要になる場合がある

● 「クラウド」
○ インフラ環境の運用や監視を自動化しやすい
○ 一般に、リリースの頻度を上げやすく、開発のスピードが速い

「オンプレミス」とは、サーバーなどのハードウェアを、SIerやユーザー企業が主体的に管理する形態です。逆に、「クラウド」環境では、「AWS」「Google Cloud Platform」「Microsoft Azure」などのサービスにハードウェアの管理を任せることができます。

物理のサーバーやネットワークを管理できるようなインフラエンジニアになりた

い場合は、「オンプレミス」環境やデータセンターを運営する会社で働く必要があります。

逆にアプリケーション開発やクラウドインフラ管理のスキルを身に付けたい場合は、「クラウド」環境を採用している会社で働いた方が有利です。

従来は「オンプレミス」環境が当たり前でしたが、近年では歴史の長いメガバンクが基幹系システムでＡＷＳを採用するなど、日系大企業の間でも「クラウド」への移行が進んでいます。

ハードウェア管理の方法が異なることで、開発自体のスピードに違いが出ることがあります。特に「オンプレミス」でシステムのアップデート適用作業をサーバー室などの特定の場所で実施する必要があるような場合、リリースの頻度を上げるとその分、コストが上がってしまいます。そのため、緊急の修正以外は数カ月に1回程度しかリリースしないようなプロジェクトもあります。

一方、「クラウド」環境でリリース作業も自動化されている会社の場合、毎日のように本番環境にリリースが行われています。リリース頻度が高いと、一度、実施した修正を後から再修正することも容易です。そのため、失敗が許容されやすく、システムやクライアントの反応を見ながら少しずつ機能を追加するような開発スタイルと相性がいいです。

スピード感を持って本番環境のソースコードやシステム構成を変えるような仕事がしたい場合は、「クラウド」環境でインフラ構築しているプロジェクトに関わる方がいいでしょう。

レガシー企業／ベンチャー企業

文化や働く人の雰囲気を大きく変える要素が、「レガシー企業」か「ベンチャー企業」かという違いです。

働くエンジニアにとっては、一般的にそれぞれ次のような特徴があります。

● 「レガシー企業」
- ○ 収益基盤が安定している
- ○ 制度や暗黙のルールが多く、変化が少ない
- ○ 枯れた技術を好んで使う

●「ベンチャー企業」
○若い社員が多い
○社員1人ひとりの裁量が大きい
○事業規模、社員数などが変化しやすい
○リリースの頻度が高く、フィードバックを得やすい
○プロダクトが若いので、新しい技術を採用しやすい

前提として、「レガシー企業」と「ベンチャー企業」を分ける明確な定義はありません。創業からあまり年月が経っていない企業の中で、新規事業の立ち上げをメインに実施している存在を、一般的には「ベンチャー企業」と呼びます。

「レガシー企業」の方が、働き方も技術も、安定的なものになりやすいです。収益基盤が安定しているので、生産性を向上するための痛みを伴う改革は忌避されやすく、社内統制を重視しがちです。技術的には、「Microsoft」や「Oracle」などの大手ＩＴベンダーが提供する製品、ＣＯＢＯＬやJava、ウォーターフォール開発など、枯れた技術や手法を使うことが多いです。

「ベンチャー企業」の場合、収益を上げる方法を模索している段階なので、組織、メンバーの役割、プロダクトの方向性など、日々変化していきます。また、無駄な仕事をしていると資金がなくなってしまうので、生産性を上げる文化が根付きやすく、事業の成長につながらない無駄な仕事が生まれにくいです。技術的にも、生産性を重視した選択をしやすく、比較的新しいフレームワークや開発手法を取り入れる傾向にあります。アジャイルな開発をする場合が多く、リリースの頻度を上げてユーザーからの反応を早く獲得し、プロダクトに素早く反映させることができます。

どちらの方が合っているかは人によります。エンジニアとしての成長を考えると、「ベンチャー企業」の方が効率的なソフトウェア開発を実現する技術を学びやすいです。

また、人は環境が大きく変わるほど、その変化に適合するために大きく成長します。その意味でも、「レガシー企業」にいる人が文化的に大きく異なる「ベンチャー企業」に転職することで、飛躍的な成長につながるケースは非常に多いです。

コラム 「Web系」という言葉について

SIerと対立した概念として、「Web系」という言葉が使われることがあります。「Web系」とはなんでしょうか? 「Web」とはもともと「クモの巣」という意味ですが、多くの場合は「World Wide Web」を指して使われることが多いです。

「Web系」の企業に厳密な定義はありませんが、おおよそ次のような意味で使われています。

- 「インターネット経由で使えるWebサイトやWebアプリケーション」を主に開発している
- モダンなWeb技術を使って開発をしている

厳密に考えれば、SIerであろうとも「インターネット経由で使えるWebサイト」を開発、提供する案件もあります。また、自社でWebサービスを開発している会社を指して「Web系」と表現される場合もありますが、「Web制作会社」もその意味では「Web系」であるはずです。

「Web系」という曖昧な言葉が生まれたのは、SIerの対立概念を指し示す適切な言葉がなかったからではないかと想像します。適切な言葉が発明されるまでは、「SIerではない、Webの技術を使って開発をしている企業」くらいの意味合いで理解すればいいのではないでしょうか。

「ベンチャー企業」は怖くない

ここまでで、「IT企業」を理解するための5つの軸を説明しました。新卒の就活を終えたときより、世の中のIT企業を理解するための道具が増えたのではないでしょうか？

ここでは最後に登場した「ベンチャー企業」について、前提知識を補足します。「ベンチャー企業」に勤めるメリットについては、前述した通りです。しかし、かつての私も含めて、レガシー企業で働く人たちの多くには、「ベンチャー企業」に対する恐れがあります。「自分なんかがベンチャー企業でエンジニアとして活躍できるわけがない」という漠然とした不安があります。分解すると、そうした恐れや不安はベンチャー企業に対する次のような印象に裏打ちされています。

- 即戦力だけが求められていて、技術力がないと採用されない
- 倒産や離職のリスクが大きい
- 激務で残業が多い

● 給料が安く、やりがいを食べて生きる人しかいない

もちろん、これらの印象に合致する企業もあると思います。しかし「ベンチャー企業」と一言にいっても、その言葉が指す企業の間では、規模も事業内容も文化も、大きく異なります。

「即戦力だけが求められていて、技術力がないと採用されない」

即戦力のエンジニアだけを採用している会社も、もちろんあります。一方で、開発経験がほとんどない新卒や第二新卒などを採用し、エンジニアとして仕事を任せるベンチャー企業もたくさんあります。

特に最近ではスキルのあるエンジニアの需要が高まり、即戦力エンジニアの採用は逼迫しています。そのため、「ポテンシャルのある人を採用して育てた方が、中長期的にはメリットが大きい」と判断する会社が増えています。また、採用基準として、「とにかく技術力を重視する」会社と、「会社の文化にマッチしていることを重視する」会社のどちらも存在します。

後者の場合は、「モチベーション高く働ける人であれば、スキルは後からついてくる」と考えているので、入社時に技術力がそこまで高くなくても問題にはなりません。

ただし、年齢が上になるほど、現時点でのスキルを求められやすい傾向にあります。一般に、若い人の方が環境の変化に合わせて柔軟に成長していく能力が高いからです。逆にいえば一般的には、転職をするなら若ければ若いほど有利です。

「倒産や離職のリスクが大きい」

確かにベンチャー企業の方が収益基盤が安定していないことが多く、1年後に会社がなくなっている可能性さえあります。しかし、ベンチャー企業に在籍している方が一般に転職がしやすく、会社がなくなっても次の会社に移りやすいです。言い換えれば、「会社を超えたリスク回避」ができます。

前述のようにベンチャー企業の方が「成長」しやすい環境にあります。当然、スキルが高い方が転職には有利になります。また、モダンで標準的な技術を使っているほど汎用的なスキルが身に付きやすく、そのスキルを転職先でもそのまま活かせるケースが多いです。さらに、ベンチャー企業界隈では、スキルアップを目的とした転職が非常に多く、そもそも転職に対しても好意的です。その点もベンチャー企業間の転職のしやすさを高めています。

「激務で残業が多い」

ITベンチャー企業は激務であるイメージがあります。確かに、創業から間もないスタートアップは投資家に対してリリース日を握っている場合が多く、昼夜を問わず働くことがあります。

しかし前述のように、ベンチャー企業の方が生産性を高めようとする力学が働きやすいです。多くの研究結果や経験則からわかっているように、人間は一日に数時間しか仕事に集中できません。なので、スマートなベンチャー企業を選べれば、むしろ「残業しても生産性が上がらないから早く帰ろう」という文化が根付いていたりします。

また、創造的な仕事であればあるほど、仕事以外での体験が重要になります。他社のWebサービスを触る時間や、余暇の活動が、明日の事業を創るヒントになります。そのため、社員が仕事以外の時間を十分に確保できるように、会社が制度面でサポートしているケースもあります。

あるいは、仕事時間が比較的長い人でも、Work As Lifeと呼ばれるように、「生活するように働く」ような働き方をしている場合があります。やりたいことが仕事と密接に関わっている場合は、趣味と仕事の境界が曖昧になり、楽しいからついつい仕事をしてしまいます。心から楽しんで仕事をしている場合、単純に「仕事時間が長いから問題だ」とはいえなくなります。

「給料が安く、やりがいを食べて生きる人しかいない」

「ベンチャー企業は収益が安定していないので、その分、給料が安いのではないか」という意見は、妥当に聞こえます。もちろん会社やポジションによりますが、一般的にはそうとは言い切れない状況です。

まず、人数の少ない企業では、1人当たりが会社に及ぼす影響力はとても大きいです。そのため、良い人を採用しないと会社が潰れてしまう恐れがあります。そのような環境では、ヒト1人当たりを採用したり雇用したりするために支払うコストは高くなる傾向にあります。

特にエンジニアについては、労働市場がかなり売り手市場になっており、ベンチャー企業でも採用が激化し年収相場も上がっています。たとえば、企業が年収額を指定してＩＴエンジニアに競争入札をするスカウトサービスの「転職ドラフト」では、過去の入札結果の平均提示年収が約６００万円のようです。そして転職ドラフトに参加している企業の多くは、ＩＴベンチャー企業です。

以上のように、たとえベンチャー企業であっても、きちんと選べば自分が望む働き方を実現することができます。大きく環境を変えることを目指すなら、レガシー企業からの転職先として、ベンチャー企業は有力な選択肢の１つになるでしょう。

コラム 「ベンチャー」と「スタートアップ」と「中小企業」

Wantedlyなどで求人募集を見ていると、「ベンチャー」や「スタートアップ」などの言葉が出てきます。何となく規模の小さい会社のイメージがありますが、「中小企業」も「中小規模の企業」なので、違いがわかりにくいです。

そもそも「ベンチャー」企業という言葉は和製英語で、英語で単に〝Venture〟というと、Venture Capital（VC）、すなわち未上場企業に資金投下する投資会社を指すようです。「スタートアップ」という言葉は英語でも〝Startup〟といい、日本の「ベンチャー」のイメージに近いです。

「スタートアップ」は、その名前の通り「立ち上げから短期間で急激な成長を目指す人たちの集合体」です。典型的な「スタートアップ」は、ガレージやマンションの一室で数人のメンバーがプロトタイプを開発し、さまざまなビジネスモデルを検証するような組織です。うまくビジネスモデルを見つけた後は、IPO（新規株式公開）やバイアウトで一攫千金を狙います。

ただし、「ベンチャー」や「スタートアップ」というラベルを自分たちのブランディングのために使っている企業も多くあります。「ベンチャー」や「スタートアップ」を自称することで、その「成長角度の大きさ」や「事業成長にフォーカスする文化」を社外に示すことができます。実際には中小企業基本法の「中小企業」の定義に合致しない「大企業」の規模であっても、「メガベンチャー」などと呼んで、あくまでも「ベンチャー」であるというブランディングをする場合があります。

「ベンチャー」や「スタートアップ」を自称することは、どんな会社であれ可能です。関わる企業を選ぶときは、それらの言葉に囚われ過ぎずに、企業の規模や文化を慎重に見極める必要があります。

「エンジニア」の活躍方法はプログラミングだけじゃない

会社ではなく、「エンジニア」という職種についても考えてみましょう。よくある勘違いとして、「プログラミング能力だけがエンジニアとしての価値を高める」というものがあります。「プログラミング能力が高くないと、エンジニアとしてまったく活躍できない」という誤解をしてしまうと、次のような理由で転職に対する自信を失ってしまいがちです。

- 情報系の学校や学部の出身ではない
- プログラミングを始めた時期が遅い
- 現職でプログラミングをあまりしていない

しかし、モダンな開発をしている会社であっても、エンジニアの活躍方法は、コードを書くことだけではありません。たとえば、次のような役割が実際には存在します。

●自社の事業を支えるためのＩＴ機器や社内ツールを選定・運用したり、業務の自動化を支援したりする
○例）社内ＳＥ
●開発チームのチームビルディングや生産性向上に責任を持つ
○例）スクラムマスター、エンジニアリングマネージャー
●自社プロダクトに対して、社内外に技術的なサポートを提供する
○例）サポートエンジニア
●社外の開発者に対して、自社の技術情報の発信やコミュニティ活動支援を行う
○例）エバンジェリスト、デベロッパーアドボケイト、技術広報
●自社サービスやそれを使ったソリューションのセールス活動を技術面で支援する
○例）セールスエンジニア、ソリューションアーキテクト
●優秀なエンジニアを採用するために、エンジニアとしてスカウトや面談を行う
○例）エンジニア採用担当

BtoCかBtoBかなど、事業の内容によっては右記すべての役割が会社にあるわけ

ではありません。しかし、たとえ小さな規模の会社でも、社内ＳＥやサポート・エンジニアを募集している場合があります。

これらの役割に求められるのは、プログラミング能力だけではありません。自社や他社のプロダクトに対する知識、ヒアリング能力やトークスキル、ビジネス上のコミュニケーション能力など多岐にわたります。プログラミング能力とこれらのスキルを掛け合わせることで、「プログラミング能力だけでは到底、勝つことができない」と思われる人たちとも、十分に肩を並べて働くことができます。

もちろん、エンジニアを名乗る以上は設計や開発の能力が高いに越したことはありません。ただし、関わる事業の成長やサービスの改善に貢献することが、会社内で個人が発揮する価値です。その価値の生み出し方は、思った以上に多様で、自分の活躍の仕方はそこから自由に選ぶことができます。

プログラムを書くだけでは解けない事業上の課題は、存外に多いものです。

コラム　マルチな役割を担うエンジニアの例

筆者である私も、いわゆる「開発者」としての仕事を超えた複数の役割を担ってきました。ベンチャー企業でとあるSaaS事業に関わる中で、「エンジニア」として価値を出せるたくさんの役割を見つけることができました。

プロダクト開発以外に私が担ってきた役割の例を挙げると、次のことがあります。

- テクニカルサポート
  - ○プロダクトの技術仕様に関する情報発信や問い合わせ対応をする
- ソリューションアーキテクト
  - ○プロダクトの技術的な仕様をクライアントに説明し、既存システムとどう連携させるかを提案する
- エンジニア採用担当
  - ○エンジニア中途採用の書類選考や一次面接をする

● 技術広報
 ○ エンジニア向け勉強会を主催したり、技術カンファレンスのスポンサーブース出展をしたりする

私はプロダクトに関する技術的な知識を持っていることに加えて、「難しいことをわかりやすく伝えること」や「情報を整理すること」を得意としています。このように、1つではなく複数のスキルを掛け合わせることで、会社の中で自分にしか出せない価値を出すことができます。

「転職」をすることは、悪いことではない

楽しく働くための一番強力な手段が、「やりたいことができる場所に転職すること」です。本書でも、いまの職場に残り続ける可能性を残しつつ、転職するという選択肢を比較的大きく扱っていきます。

「転職」については、次のようなマイナスイメージを抱く人がいるかと思います。

- **転職を繰り返すと、次の転職がしづらくなる**
- **新卒入社組に対して、転職組の方が出世しにくい**

これらの印象は、場合によっては正しく、場合によっては間違っています。確かに、転職を繰り返している人を低く評価する会社もあります。しかし、成長のためのポジティブな転職であれば、たとえ何回、転職していたとしても評価されるべきです。

実際に、これまでの転職の理由をロジカルに説明できて、ポジティブな印象を与えられれば、次の転職面接でもマイナス評価になることはあまりありません。逆にい

えば、自分がポジティブに捉えている過去の転職に対してネガティブに評価してくるような会社があれば、そのような会社は自分とは合っていないので入社するべきではありません。

特にベンチャー界隈では、会社自体の興衰サイクルが早いこともあり、個人の転職サイクルも非常に早いです。20代のうちに複数回の転職をする人も、珍しくありません。

もう少し深掘りして考えると、自分とマッチしている仕事を続けるためには、「転職」をする必要が当然に生じるはずです。それは次の理由からです。

- まともに仕事をしたことがない新卒の状態で、自分に合った会社を選ぶことができる確率は、非常に低い
- 会社も自分も状況が変わる中で、会社を変えずに自分と仕事とのマッチングを維持するのは、非常に難しい

もちろん、いろいろな事業をやっている会社であれば、転職せずに「自分に合わせて仕事を変える」ことができる場合もあるでしょう。しかし多くの場合、1つの会社

に居続けていたら、「自分に合わせて仕事を変える」のではなく、「仕事に合わせて自分を変える」ことでしか、マッチングを保つことができません。

さらにいえば、「仕事に合わせて自分を変える」というのは、多くの場合「自分のやりたいことややりたくないことに嘘をつく」ことで成り立っているケースがほとんどです。

なお、この本では「転職活動」と実際の「転職」を区別し、それぞれの価値について別個に考えることを推奨します。つまり、実際に「転職」をしなくても、「転職活動」をすること自体に価値があると考えます。「転職活動」自体の価値は、主に次の点が挙げられます。

- 他の会社の事情を知ることで、いまの職場を客観的に評価できるようになる
- 個人としての立場で社外の人からの選考を受けるので、いまの自分を客観的に評価できるようになる

転職活動をすると、会社によって文化、雰囲気、仕事に対するスタンスなどがまったく異なるという事実を、実際に体感することができます。たとえば、面接で仕事や

自社のサービスについて本当に楽しそうに話す人に出会えれば、「楽しい仕事」が本当にあるということを確認できます。

また、転職活動をするということは、「会社から独立した個人として評価される」ということでもあります。いま働いている会社から評価を受ける場合、その会社内のルールや文化に依存したものになりがちです。しかし、転職活動では、現職の会社で独自に使われていた評価軸は、ほとんど考慮されません。逆に、個人として力を入れていた勉強や趣味の活動が、思いのほか評価されたりします。

転職活動の中では、もちろん「個人として低い評価をされる」ということも経験するでしょう。そのときは、かなり気分が落ち込みます。逆に「個人として高い評価をされる」というのは、とても気持ちがいいものです。

総じて、転職活動の中で受けたプラスやマイナスの評価を活用することで、自分の得意なことや足りない部分を見つめ直すきっかけを得ることができます。

一方、実際に「転職」すること自体の価値は、次の点が考えられます。

- 複数社での仕事を経験することで、会社間の違いを体感でき、視野が広がる
- 転職によって生じた「大きな環境変化」によって、確実に成長できる

よくいわれるように、人が最も成長するのは、環境が大きく変わったときです。環境の変化に自分が適応するときに、これまでの自分の枠を超えた変化を求められるからです。仮に一度目の転職がうまくいかなくても、転職経験を成長機会としてうまく活用することができれば、次の転職ではさらに良い職場で働けるはずです。

まとめ

- ずっと仕事をしていたいと思うほど楽しく働くためのチャンスは、誰にでもある
- 「IT企業」や「エンジニア」という言葉の実態は多様であり、一側面だけを知ってわかった気になってはいけない
- 自分を取り巻く状況が年々変化する以上、転職を一度もせずに一生楽しく働き続けるのは難しい

第3章
完全SIer脱出マニュアル

楽しく働くための7つのステップ

ここまでで、エンジニアが働く場所としての企業の多様性や、エンジニアとしての仕事の幅の広さについて紹介しました。さらに、「転職活動」を通じてそれを体験し自分を客観的に見つめ直すきっかけを作れることを説明しました。

ここからは、実際にSIerのエンジニアから転職をする場合のステップについて考えていきます。本当に「転職」をするつもりで動くことで、「転職活動」の効果が最大化されるはずです。

この章では説明をなるべく具体的にするために、読者の状況や目指す転職先について、便宜上、次の強い仮定を置きます。

- 年齢は20代前半〜30代前半である
- 大都市圏近郊に住んでいる
- SIerやSES企業で、技術寄りの職で働いている
- 新卒で入社した会社にいまも勤めており、転職経験はない

- 最終的には、次に該当する転職を目指す
  - 社内でWebサイト、Webアプリケーションなどを開発する仕事
  - エンジニア
- モダンなWeb開発の経験はない

もちろん、すべての条件には合致しない人にも、参考になる内容になっています。

なお、この本を手に取って実際に行動を始める段階では、「転職しよう」と決意している必要はまったくありません。必要なのは、「いまの仕事は楽しくない」という漠然とした不満だけです。

最終的に転職をする場合、転職が決まるまでの期間は最短で1カ月、長くても1年くらいを想定しています。もちろん、状況次第でいつでも「転職しない」という選択に戻ることができます。じっくり時間をかけて、「楽しく働く」ためのトライを、この本と一緒に実行していきましょう。

ステップ0：精神を病みそうな場合は、今すぐ会社を辞める

前述の仮定を踏まえると、あなたは「モダンなWeb開発未経験で、SIerから、Webエンジニアとして、初めて転職する」ことをぼんやりと考え始めた人です。転職活動に関する知識も皆無で、実際に退職をするとしたらどんな手続きを踏まなければいけないかも想像がついていません。

転職を考えるときにまず決めるべきことが1つあります。それは、現職を続けたまま転職活動をするのか、先に退職してから転職活動をするのかです。

できれば、現職を辞めずに転職活動をした方がいい

一般的には次の理由から、現職を続けたまま転職活動をした方が有利です。

- 現職を続けるという選択肢を残せる
- 生活資金を稼ぎながら、ゆっくり転職活動ができる

特に後者の資金面での理由は、転職活動を有利に進めるためにとても重要です。先に退職してしまうと、余程の貯蓄や副収入がない限り、転職先を決めるまでの時間的なリミットが設定されてしまいます。早く次の仕事を見つけて収入を確保しないと、家賃や食費が払えなくなってしまうからです。可能であれば、現職を続けながら転職活動をするべきです。

なお、現職を辞めずに転職活動を続ける場合、いつ退職の意思を現職の上司に伝えるかという問題があります。「現職を続ける選択肢を最後まで残す」ことを考えると、転職先に内定をもらってからにした方がいいです。最終的に転職しないことを決めた場合であっても、会社からの心象を悪くしないで済みます。

転職活動を始める前に退職するべきケース

他方、転職活動をする前に退職するべきケースがあります。それは、次のいずれかに該当する場合です。

- 労働時間が多過ぎて、そもそも転職活動をする暇がない
- 職場環境が原因で、身体や精神を病んでいる

このような場合、そもそも退職や休職をしないと満足に転職活動ができません。いまの仕事が楽しくなく、かつそれを変えるための時間も与えられていないというのは、それだけで十分に退職する理由になります。

また、余裕がない状況で転職活動をしても、実力を最大限発揮することができません。転職活動の目的の1つは、「いまの自分の実力で、どのような会社が採用してくれるのか」を検証することです。検証の精度を上げるためには、気持ちの余裕がある状態で採用面談に臨み、自分の価値を最大限伝える必要があります。

もちろん、先に退職した場合、生活資金の問題で転職活動を早く終える必要が出てきます。その場合は、転職を何回か繰り返すことも視野に入れましょう。最初の転職で心から楽しいと思える仕事にたどりつけないとしても、少しでも成長できる職場にまず移ることで、次の転職の選択肢を広げることはできます。

「会社を辞めたら、プロジェクトはどうなる?」と考えてしまう人へ

たとえば、次のようなことが定常的に起こる職場は、明らかに問題があります。これらに該当する場合は、今すぐ退職を考えましょう。

- リーダーに余裕がなく、メンバーへの当たりがキツかったり、必要な情報共有が漏れていたりする
- 平日の夜に家に帰れない人がいる
- 下請けのメンバーが土日も駆り出されている

上記のようなギリギリの人数で何とか回しているプロジェクトに関わっていると、心情的にとても辞めにくくなります。「自分が会社を辞めてプロジェクトから抜けたら、プロジェクトが破綻して、みんなに迷惑がかかるのではないか？」と考えてしまいがちです。辞めた人について同僚が悪く言っている様子を実際に見たことがあれば、なおさらです。

しかし、会社はあなたの人生にまで責任を持ってはくれません。逆にいえば、あなたには人生をかけてまで会社に貢献する責任はありません。

極限状態では辞める元気もないと想像しますが、過労死ラインを超えるほどの激務や、精神や身体に強い負荷のかかる職場の場合、まずは退職を視野に入れましょう。「会社を辞めたら、プロジェクトはどうなる？」と考えてしまう人は、次の事柄に

ついて考えてみてください。

●1人が辞めたら回らなくなるようなプロジェクトはそもそも問題があるので、あなたの貴重な人生を無駄にしてまで関わるべきではありません

○あなたが退職することで、問題のあるプロジェクトが1つなくなるとしたら、それは社会的に望ましいことかもしれません

●あなたがその職場で働かなくなっても、代わりの人が補充され、仕事は継続していきます

○さらにもし開発しているシステムが納期通り完成しなくても、世界は何事もなく回ります

●うつ病になると、治療に数カ月以上かかることもあります

○ストレスが酷い場合は、自分の心を守るために、仮病を使ってでも休息を取りましょう

自分の置かれた状況が世の中一般と比べてどのくらい酷いのかを客観的に評価することは、とても難しいことです。少しでも違和感がある場合は、周りの人に相談し

ましょう。相談できる相手が近くにいない場合は、オンラインカウンセリングサービスを使ったり、筆者である私(@jumpei_ikegami)にTwitterでDMを送ったりしましょう。

ステップ1：1人でできるインプットとアウトプット

ここからは、楽しく働くための活動をするにあたって、具体的に何をすればいいのかについて考えていきます。

ステップ1では、1人からでも始められるインプットとアウトプットについて紹介します。適切なインプットとアウトプットをする期間を事前に設けることで、転職活動で自分の実力を最大限発揮することができます。

転職活動を有利に進めるために大切な「実績づくり」

転職活動を有利に進めるために最も大切なのは、「実績」と「自信」の2つです。「実績」と「自信」があるほど、転職先の選択肢を増やすことができます。

実際の中途採用面接を想像してみましょう。IT企業の面接担当者は、日々たくさんの候補者と面談しています。その中で、「この人をもし採用したら、うちの会社でこれから長期的に活躍できるだろうか」という点を見極めて採用可否を判断します。

つまり、候補者が3カ月後や1年後に活躍できる可能性を推し量るわけです。しかし、未来の活躍をいまの時点で知ることは当然できません。そこで、面接担当者は候補者のこれまでの「実績」から、未来の活躍を予想します。

たとえば、次のような実績による未来予想があるでしょう。

- これくらいの学歴であれば、ある程度、本質的な議論はできるだろう
- ○○社に採用されて働いていたなら、最低限のチームワークは発揮できるだろう
- GitHubのリポジトリにソースコードが上がっているから、基本的なプログラミングやGitの知識はあるだろう
- よくTwitterやブログで技術情報を発信しているので、会社の技術的な情報発信にも貢献してくれるだろう

特に仕事でモダンなWeb開発を経験したことがない場合、プライベートでのインプットやアウトプットは重要な実績になります。ほぼ未経験の状態で面談に来て、「何もしてないですが、いまから頑張ります」と言っても、誰もあなたの未来の活躍を信じてくれません。学歴や職歴をいまから変えることは難しいですが、開発や情報発

信の実績であれば1カ月もあれば新しく作ることができます。

また、面接中の担当者は常に「この人を採用して、もし仕事で活躍できなかったらどうしよう」という不安と戦っています。活躍できない人を採用することは、会社にとっても候補者にとっても、大きな損失だからです。そんな中で、あなたが「活躍できる自信はありません」という態度で面接に臨めば、面接担当者の不安を煽るだけです。少し背伸びをしてでも、「自信」を強く持って、私はここで活躍したいと本気で思っていますという態度で面接に立ち向かった方が、採用されやすくなります。これが、転職活動を有利に進めるために「自信」が大切である理由です。

それでは「実績」と「自信」はどちらが重要でしょうか？　自分はここまでやったのだからきっと仕事でもうまくやれるはずだ、と信じられるだけの「実績」があれば、「自信」は後からついてきます。また、「自信」を獲得するための方法は人によってさまざまですが、「実績」を獲得するための方法はよりパターン化しやすいです。まずはどのように「実績づくり」をするかを考えることが大切です。

ここからは、主に転職を有利にするための実績づくりについて紹介します。たとえ最終的に転職をしないことを選んだとしても、実績づくりの過程で得られた知識やつながりは無駄にはなりません。いまの仕事にも必ず活かすことができます。

PCを買おう

エンジニアとしての実績づくりに必ず必要なものが1つあります。それは、PCです。

スマートフォンやタブレット端末でプログラムを書くことも不可能ではありませんが、プログラミング環境としてはまだまだPCを使うのが最善です。自分専用のPCを持っていない場合は、まず最初にPCを買いましょう。

デスクトップPCしか持っていない場合であっても、できればノートPCを新しく買った方がいいです。ノートPCを持つことで、PCを使う場所や状況の選択肢を格段に広げることができます。たとえば、ノートPCであれば、勉強会や面談の最中にメモを取ったり、気分転換に自宅以外の場所でプログラミングをしたりすることができます。

SIerに勤めている場合、Windows端末で作業をすることが多いです。しかし、.NET系の開発がどうしてもやりたいなどの特別な理由がなければ、次の理由から自宅用ノートPCは、MacBookシリーズがおすすめです。

- UNIXベースなので、開発環境を整えるのが楽なことが多い
- Windowsとは別のOSに触ることで、Windowsを客観的に評価できるようになる

少し高いですが、未来の自分への投資と割り切れば、十分にリターンはあるはずです。

アウトプットをするための各種アカウント作り

外から見えない実績は、実績としては弱いです。そのため、誰でも見える形でアウトプットすることが重要になります。エンジニアを面談するときによく見られるアウトプット場所は、次の通りです。

- 「GitHub」
- 「Twitter」
- 「Qiita」
- 個人ブログ

まずは、これらすべてのサービスのアカウントを作りましょう。実際のアウトプットについては、後で考えます。アカウントを作るだけでも、「私はあなたと共通言語を持っています」という面接担当者に対するメッセージになります。たとえば、「GitHubのアカウントがないだけで面接が打ち切られた」という話も聞いたことがあります。あまりにも極端な例ですが、「アカウントを作る」というのも1つの立派な「実績」です。

左記に沿って、実際にアカウントを作っていきましょう。どのサービスも無料でアカウントを作成できます。

●アバター画像を決める
○サービスをまたいで共通の画像だと、同一人物だと認識されやすくなる
○顔を出せる場合は、実写画像にすると勉強会などで見つけてもらいやすくなる
○顔を出せない場合でも、できれば視認性の高い、印象に残りやすいアイコンがよい
○こだわりや思いがあれば何でもいいが、盗用や不快な画像はもちろん避ける
●アカウントID／名前を決める
○サービスをまたいで共通のID／名前だと、同一人物だと認識されやすくなるので

よい

○一般名詞を避け、検索にヒットしやすい名前にする

●GitHub

○デフォルトのプロフィール画像はすぐに変える

●Qiita

○TwitterやGitHubのアカウントで登録できる

●はてなブログ

○はてなアカウントを作る

○はてなブログを開設する

■名前やテーマは後で変えられるので、適当に選ぶ

●Twitter

○すでにアカウントがある場合も、できればエンジニア用アカウントを分ける

■その方がエンジニアとしての情報発信を外部から補足しやすくなる

特に重要なのは、Twitterです。中途採用の書類にTwitterアカウントが含まれる

場合、そのTweetに簡単に目を通す面接担当者もいます。Twitterは、日々の生活で何をやっているかを発信するためのツールです。面接の1時間では嘘をついて自分を大きく見せることも比較的簡単ですが、日々のTweetをすべて脚色する人はあまりいません。

逆に、面接が苦手な人であっても、Twitterで日ごろの学習の様子をコツコツとアウトプットしていれば、それを見て評価を上げてくれる面接担当者もいるでしょう。また、似た境遇の人の生の声を集めるインプット手段としてもTwitterは有効です。次のようなハッシュタグでTweetしている人を検索することで、対応する属性のアカウントを炙り出すことができます。

- 転職活動をしている、していたエンジニア
  - ＃Twitter転職、＃jobchanger、＃hiyokonitsuduke
- プログラミング初心者
  - ＃駆け出しエンジニアとつながりたい、＃100DaysOfCode
- SIer、元SIer
  - ＃完全SIer脱出マニュアル、＃しがないラジオ

自分と似た属性のアカウントを見つけたら、その人のフォローやフォロワーをたどっていくのもおすすめです。いきなりたくさんの人をフォローするとTLが追えなくなり、Twitterを開く習慣自体がつかない可能性があります。最初はすべてのツイートを追えるくらいの人数だけをフォローしてみて、様子を見ながら毎日、少しずつ増やしましょう。

1人でできるインプット

せっかく発信用のアカウントを作っても、インプットがなければエンジニアとしての「実績」になるアウトプットはできません。まずは、今日からでも1人でできるインプットを始めましょう。

ステップ1で行うインプットの目標は、「エンジニアたちの発言を何となく理解するための知識」を身に付けることです。モダンなWeb開発の経験がない立場からすると、勉強会や転職活動で出会うエンジニアたちの発言は、あまりにも謎に満ちています。せっかくTwitterでフォローしたエンジニアたちが何を言っているのかわからなければ、TLを眺めてもつまらないままです。

次のステップでは、社外に出て行って他のエンジニアの話を聞くことにもなります。そんな「エンジニアたち」と楽しく話すためには、彼らが話している固有名詞が指す対象が、アプリケーションなのかライブラリなのかプログラミング言語なのか会社なのかを、正しく理解する必要があります。

フロントエンドエンジニアでいえば、たとえば次のような発言です。

- 「IncrementsはVirtual DOM系のライブラリをReactからHyperappに乗り換えたらしい」
- 「MSのVS CodeはMSだけあってTSのサポートがしっかりしている」
- 「最近のRustはEmscriptenを使わなくてもwasmを吐ける。Mozilla頑張ってる」

うまく「エンジニアたち」の言葉を理解できれば、いずれ会う面接担当者に「うちの会社に馴染めるかもしれない」と思わせるだけの「実績」にもなります。

エンジニアになるためにインプットを始めようとしたときに、最もわかりやすいのは「技術書を読む」ことです。もちろん、これからエンジニアとして活躍するためには、技術書をいかに読みこなすかが重要になることもあります。しかし、最初のインプットとしていきなり分厚い技術書を読むことは推奨しません。それは、次の理由からです。

- それぞれの本が想定している読者レベルを見極めるのが難しい
- 内容が古くなり最新のWeb開発事情を反映しきれていないことがある
- 「エンジニアたち」の発言を理解するための最短経路ではない

自分に合っていないレベルの本に挑戦して挫折し、不必要に自信を失ってしまうような事態は、避けなければいけません。商業的な理由から、中級者向けの書籍にも「入門○○」というタイトルがついていたりします。適切な技術書を選ぶにはとても高度なスキルを要します。技術書を読むのは、もう少し後にしておきましょう。

この本では、エンジニアとしての最初のインプットとして、次の2つをおすすめします。

- 技術系ポッドキャストを聴く
- Railsチュートリアルをやってみる

1つ目は、「技術系ポッドキャストを聴く」ことです。勉強会や採用面接でエンジニアと話すとき、大半は声でコミュニケーションを取ります。そのような場に手っ取り早く慣れるためには、エンジニアが会話をしている音声を聴くのが一番効果的です。世の中には、エンジニアの会話をコンテンツ化した「技術系ポッドキャスト」がたくさんあり、大抵は無料で聴くことができます。

おすすめの技術系ポッドキャストを挙げればキリはないですが、5つ紹介します。

- しがないラジオ
  - ○主にSIer出身者をゲストに呼んで、エンジニアの転職やキャリアについて議論している
- Rebuild
  - ○主にアメリカのTech系企業で働く日本人エンジニアが雑談をしている
- EM.FM
  - ○エンジニアリング組織のマネジメントについて話している
- Turing Complete FM
  - ○CPU、OS、コンパイラなどの低レイヤな知識が中心

● ajitofm

○エンジニアがお酒を飲みながら楽しそうに技術やエンジニアの評価について話している

エピソード数が多い番組もありますが、特に最初から聞かなければいけないわけではありません。直近5件くらいを流し聞きして、面白い番組があれば少しずつ過去にさかのぼりましょう。

また、スマートフォンのポッドキャストアプリを使ってWi-Fi環境でエピソードをダウンロードしておけば、オフラインで聴くことができます。毎日の通勤や家事の最中に、流し聞きをしてみましょう。

最初は何を言っているかわからず苦行に感じるかもしれませんが、すべて理解しようとせずに辛抱強く聴き続ければ、だんだんと慣れてきます。

2つ目のおすすめインプットは、「Railsチュートリアルをやってみる」ことです。「Railsチュートリアル」(https://railstutorial.jp)とは、プログラミング初心者のための無料の学習コンテンツです。Ruby on Rails(以下、Rails)というWebアプリケーションフレームワークに入門するためのコンテンツですが、次の理由から、仮にRailsを一生使わないとしても、実際にやってみることをおすすめします。

- 「HTMLの知識と何らかのプログラミング経験」のみを前提知識としており、始めるハードルが低い
- モダンなWebアプリケーション開発に必要な基礎知識が、一通り網羅されている
  - ○モダンなWebアプリケーションフレームワークを使った開発
  - ○Gitによるバージョン管理
  - ○本番環境へのデプロイ
  - ○自動テスト
- 実際に手を動かしながらサンプルのアプリケーションを1人で1から構築できる
- 初心者向けの良いチュートリアルとして有名なので、面接ウケがいい場合がある

かなりのボリュームがあるので、短期間ですべての章をやり切ることは難しいかもしれません。まずは最初の3章だけでも十分にやる価値があります。

なお、HTMLなどの前提知識すらなくて内容が難し過ぎる場合は、Progate(https://

prog-8.com）というオンラインプログラミング学習サービスで知識を補完することをおすすめします。無料会員でもＨＴＭＬなどの基礎レベルのレッスンを受講することができます。「Railsチュートリアル」とも公式で提携しているようです。

1人でできるアウトプット

インプットだけでは、「実績」としては不十分です。せっかくアウトプット用に各種アカウントを作ったので、インプットの中で思ったことや気付いたことを気軽にアウトプットしてみましょう。

なお、ここから後の説明では、人によってどこまでコストを割くかを選ぶべき部分について、レベル別に0〜2の3段階に分けて説明します。レベル0は最低限実践した方がいい項目です。レベル2まできちんとやれば、ポテンシャル層の転職市場においてはかなり評価が上がるはずです。

- レベル0
  - インプットの過程で思ったことを、随時Tweetする

○Railsチュートリアルで書いたソースコードを、GitHubの自分のリポジトリにPushしていく

ソースコードを自分のリポジトリにPublicに公開しておくことで、Web開発のためのソースコードを書いたことがあるという実績を示すことができます。

● レベル1

○Railsチュートリアルをやってハマったポイントについて、小さめの粒度でQiitaに投稿する

・10行でもいいので、「次に同じことをする誰か」が同じポイントでハマらないように意識して書く

有益な情報やソフトウェアをオープンに公開することは、エンジニア文化の中で自然に行われている営みです。「誰かの役に立つ情報」をパブリックな場所に公開することで、エンジニアのコミュニティに対して少しでも貢献しているという実績に

なります。

●レベル2

○ポッドキャストやRailsチュートリアルに触れて思ったことや考えたことを、大きめの粒度でブログ記事にまとめる

　▪技術に限らない内容であってもよい

Qiitaやブログに何かを投稿したときは、随時Twitterで宣伝しましょう。アウトプットのハードルが高くて躊躇してしまう人は、次の点を意識するといいと思います。

●あなたがアウトプットをしても最初は誰も見ません

○あなたが大多数のエンジニアに対して興味がないように、大多数のエンジニアはあなたに興味がありません

●いまのあなたとまったく同じ時期に同じ環境でプログラムを動かしている人はいないので、あなたの発信がどんなに稚拙でも、一定の技術的な価値があります

○プログラムの実行環境、バージョンなどを記載することで、アウトプットのユニー

クさは劇的に向上します

● 初心者には初心者にしかできない発信があります

○ たとえば、「○○の経験しかない初心者がRailsチュートリアルをやるとどうなるのか」という記事は、中級者以上の人には書けません

アウトプットは、どんなに反応がなくても続けることが大事です。転職活動で出会う面接担当者を含め、いつかあなたに興味を持った人が現れたら、あなたのアウトプットを過去にさかのぼって見るかもしれません。困っている人がたまたまあなたの記事を読んで疑問が解消し、あなたに感謝を告げてくるかもしれません。

継続したアウトプットはあなたにまつわる情報として蓄積され、キャリアやつながりを作っていく上で役立つ貴重な財産になります。

ステップ1の説明は以上です。ここで説明したインプットとアウトプットについては、少なくとも転職活動を終えるまで、自分のペースで続けるのがいいでしょう。

ステップ2：社外の人の話を聞きにいく

ステップ2では、いよいよ外の世界に飛び出していきます。自分とは違う世界で働くエンジニアたちを実際に目の当たりにし話を聴くことで、自分がいまいる環境を客観的に見ることができるようになります。いまの職場をフェアに評価するために、外の世界に飛び込んで、リアルな体験を自分の中に蓄積しましょう。

勉強会に行ってみよう

エンジニアという生き物は、「勉強会」という名前のコミュニティ活動を日々楽しんでいます。パブリックに公開された勉強会では、会社の枠を超えてエンジニアが交流を深め情報交換をしています。

勉強会と一言で言っても、ニッチなものから初心者歓迎のものまでさまざまです。また、特定の技術に関するものから、エンジニアのキャリアに関する会など、内容もいろいろです。形式としても、講義やカンファレンスに近いもの、一般参加型のＬＴ

（ライトニングトーク）会、体験学習的なハンズオン、各自もくもくと作業をする「もくもく会」などがあります。

勉強を目的に勉強会に行くべきかどうかについては議論がありますが、ここでは次の2つの目的を満たすために、勉強会に行くことをおすすめします。

- モダンで生産性の高い開発を実際にしているエンジニアの話を聞く
- 自分と近い境遇の人とつながり、情報交換をしたりモチベーションを高めたりする

1つ目の目的を達成するには「技術系」の勉強会に、2つ目の目的を達成するには「キャリア系」の勉強会に行くのがいいでしょう。

「技術系」の勉強会とは、文字通り特定の技術に関する勉強会です。あるプログラミング言語、フレームワーク、サービスなどに興味がある人を集めて、そのテーマに沿った発表やハンズオンをします。大抵は懇親会という名の緩い雰囲気の立食飲み会がセットになっています。

「キャリア系」の勉強会とは、エンジニアのキャリアについてのLTや講演を聞くような勉強会です。「技術系」の勉強会と同様、終わった後に懇親会があるケースが

多いです。

特に「キャリア系」の勉強会では、自分と同じように現職に対してモヤモヤしている人と出会いやすいです。そこで知り合った人とTwitterでつながって定期的に別の勉強会などでも会うようになると、精神的にとても楽になります。現職に対する不満や転職活動についての話題は、職場の人に相談するのが難しいです。特に転職活動を本格的に始めると、誰にも相談できず「孤独」になりやすいという問題があります。勉強会を介して似たような境遇の人と出会うことができれば、悩みを相談したり、実際に転職活動をしている人にリアルな話を聞いたりすることができます。

一般的によく使われるエンジニア向け勉強会予約サービスは次の通りです。

- connpass(https://connpass.com)
- Doorkeeper(https://doorkeeper.jp)
- TECH PLAY(https://techplay.jp)
- サポーターズColab(https://supporterzcolab.com)

また、参加する勉強会を選ぶときに注意する点は、次の通りです。

- 初心者歓迎のLT大会は、新しい人にも優しい
- 数十人以上の規模だと、1人で参加しても緊張しにくい
- 企業が主催しているイベントは、ビジネスを目的としたイベントの可能性があるので注意
  - ○特に、参加費用が1000円を超えるようなイベントは疑いましょう

勉強会は星の数ほどあるので、最初は選ぶのが難しいと思います。そんなときは、Twitterで見つけた自分と近い属性の人が参加している勉強会に行きましょう。きっとその勉強会は、初心者でも参加しやすいもののはずです。あわよくば、その人とオフラインでも知り合うことができるかもしれません。

勉強会の予約ができたら、後は当日を待つのみです。初めての勉強会は緊張して十分に楽しめないかもしれませんが、気楽にいきましょう。平日夜の勉強会であれば、スーツを着たまま行くことになるかもしれません。大抵の勉強会ではスーツの人は少数派になると思いますが、別に誰も気にしていないので問題ありません。

勉強会の参加の仕方について、レベル別で紹介します。

● レベル0
○ 登壇者の発表をちゃんと聴く
○ イベントのハッシュタグでTwitter検索し、イベント中もTLを眺める
○ 自分もそのハッシュタグを付けて実況Tweetする

勉強会は、ただ漫然と発表を聞いているだけでは得るものが少ないです。Twitterで参加者の反応を見ながら、自分もハッシュタグでTweetしましょう。イベントの主催者や登壇者からすれば、ハッシュタグ付き感想Tweetが盛り上がっているだけでうれしいものです。

● レベル1
○ 勉強会の内容をしっかりメモする
○ 当日または後日、勉強会に参加したレポートをブログにまとめて公開する
○ そのブログ記事を、イベントのハッシュタグ付きのTweetで宣伝する

余力があれば、勉強会中にメモを取っておき、帰ってから感想ブログを書いて発信しましょう。LT資料のURL、主要なTweet、当日の会の様子を簡単にまとめるだけでも重宝されます。

●レベル2
○懇親会に参加し、登壇者や他の参加者に話しかける
○イベントの常連に顔やアカウント名を覚えてもらい、次のイベントでも話しかける

多くの勉強会は、発表時間の終了後に懇親会があります。一般的には、イベント会場でそのままお酒や軽食を囲んで立食します。知り合いがいない立食パーティは、誰にとってもナーバスで慣れないものです。一方で、勇気を持って他の人に話しかけることができれば、直接、社外のエンジニアと話す貴重な機会を得ることができます。話しかけられるのを待つのではなく、同じように1人で寂しそうにしている人を見つけて「こんにちは。普段はどんな仕事をされてるんですか?」などと話しかけてみましょう。きっとその人も、誰かに話しかけられただけでとてもうれしく感じ

るはずです。

もしも楽しい勉強会コミュニティが見つかったら、繰り返し参加し、知り合いを作りましょう。その勉強会を盛り上げるためにTweetやブログで勉強会のことを発信し続ければ、主催者や常連の人は必ずあなたのことを認知してくれます。知り合いができてから勉強会に参加するのは、とても居心地がよく楽しいものです。

カジュアル面談を受けてみよう

社外のエンジニアの話を聞く方法として勉強会以上に強力なのが、「カジュアル面談」です。エンジニア採用に力を入れている多くの企業は、エンジニア向けに「見学以上、選考未満」の場として、「カジュアル面談」を提供しています。「カジュアル面談」には、勉強会にはない次のメリットがあります。

- 社外のエンジニアと1対1で話す状況を作れる
- 面談担当者から、直接、その会社の仕事の話を聞くことができる

よくある疑問として、「転職する気がないのにカジュアル面談を受けてもいいのか?」

というものがあります。この時点では、あなたはまだ転職に迷っているかもしれません。面談に転職を決心していない人が来たら、相手の会社にとっては迷惑なんじゃないか、とつい考えてしまいます。実際、「カジュアル面談」が実質的な選考として位置付けられている会社も存在します。

ただし、「カジュアル面談」で会った候補者がすぐに転職する気がないとしても、企業側からすると次の期待があります。

- その人がいずれ本気で転職活動をするときに、選考を受けてくれるかもしれない
- その人が他のエンジニアを紹介してくれるかもしれない
- 面談で魅力を伝えられれば、会社やサービスのファンを増やすことができ、ビジネス上、有利になるかもしれない

もちろん、誰かれ構わず会ってくれるわけではありません。カジュアル面談を申し込んでも、断られるケースはあります。

しかし、あなたは、すでにGitHubのアカウントを持ち、Railsチュートリアルを触り始め、社外の勉強会に行ったことがあります。それをしていないその他大勢の人

よりも、あなたには会う価値があります。自分が踏み出した一歩を信じてください。

「カジュアル面談」の申し込みには、特にこだわりがなければ「Wantedly」(https://wantedly.com)というサービスを推奨します。それは次の理由から、「すぐに転職を考えていない人」でも罪悪感なく他の企業の話を聞きに行けるからです。

- 転職サービスではなく、「ビジネスSNS」である
- 募集へのエントリーのときに押すボタンの名前が、「話を聞きに行きたい」ボタンである
- Wantedly上のプロフィールを書いておけば、履歴書や職務経歴書を提出しなくても「カジュアル面談」ができる

次の手順を参考に、「カジュアル面談」を実現させましょう。

- Wantedlyにアカウントを作成し、プロフィールを登録する
  - ○プロフィール画像やカバー写真を設定する
  - ○プロフィールに左記を記載する
    - ▪学歴
    - ▪職歴

- 触ったことがある技術（Railsチュートリアルでもいろいろと触ったはずです）
- 紹介文
- このさきやってみたいこと
- GitHub／Twitter／Qiita／ブログのURL

○スカウトを受け取れる状態にする
○「関心トピック」で「転職・就職する」にチェック
○「スカウト設定」で「何通でも受け取る」を選択

隠したい項目もあるかもしれませんが、なるべくすべて記載しましょう。ありのままの自分をさらけ出すことで、いまの自分が世の中の企業にとってどれくらい価値があるのかを、客観的に知ることができます。また、「このさきやってみたいこと」という項目がありますが、なるべくポジティブな内容で、かつ1人ではできないことを書くと、好意的に受け取られやすくなります。

●興味のある企業を探し、興味があることを伝える
○募集一覧から、「エンジニア」「中途採用」で絞り込む

○地域で絞り込む
○ヒットした募集を1つずつ見ていき、興味が少しでもあれば「話を聞きに行きたい」ボタンを押す

惹かれる会社が偏っている場合も、まずはなるべくさまざまな会社にアプローチしてみましょう。たとえば、自社サービスの会社だけではなく、Web系の受託会社などにも会うことをおすすめします。いろいろな環境で働くエンジニアと話すことで、誤解が解けたり自分が目指すべき方向性が見つかったりすることがあるからです。

なお、心から興味がある魅力的な会社がある場合は、その会社に「カジュアル面談」を申し込むのはいったん避けましょう。その会社には、面談に慣れて、十分な実績づくりが完了した後で、最後に挑戦します。そうした方が、仮に不採用になったときにも言い訳ができずに諦めがつくからです。

●企業の担当者から承諾のメッセージが来たら、「カジュアル面談」の日程を調整する
○数日待つと、承諾のメッセージが来る
○予定を調整して、実際に会いに行く

有名な企業ばかり狙っても、承諾率は上がりません。まったく承諾されない場合は、アプローチする企業の数や幅を少しずつ広げましょう。

面談日程として提示されるのは、平日がほとんどです。もしどうしても平日夜に面談に行けない場合は、有給休暇を取ってその日に複数社の面談を入れましょう。

●「カジュアル面談」をする

○事前の準備をする

- できれば、事前に募集やサイトを見て感じた疑問点を軽くまとめておく

○面談に臨む

- すぐに転職する気がない場合は、「転職はまだ迷ってます」と正直に伝える
- 知りたいことがあれば面談担当者への個人的な質問でもいいので聞いてみる
- いまの自分の職場との比較という観点で情報を聞き出し、メモを取る

一般的な面接のイメージとは異なり、「カジュアル面談」は雑談に近い雰囲気で実施されます。企業とあなたは、お互いに選び選ばれる立場であり、対等な関係です。自分を良く見せようなどと思わず、気負わずに面談の担当者と楽しく話しましょう。

服装は、スーツである必要はまったくありません。もちろん、仕事終わりであればスーツで行っても問題ありません。

Wantedlyプロフィールで最低限の情報は伝わっているので、何も言われなければ履歴書などを持参する必要はありません。

ＰＣやタブレットでメモを取っておくと、後から面談の内容を振り返るときに便利です。メモを取るのは当然の権利ですが、担当者の心証が気になる場合は一言「ＰＣでメモを取ってもいいですか」と質問しましょう。

「カジュアル面談」を何回かすることで、いまの職場を客観的に見るための比較対象を集めることができます。ここで集めた情報をもとに、ここからは「自分は本当に転職をするべきか？」という問いに改めて向き合います。

コラム 「カジュアル面談」とは何なのか？

転職活動を始めた当初に抱く大きな疑問の1つに、「カジュアル面談」は普通の「面接」と何が違うのか、というものがあります。実際には、名前が違うだけでほとんど普通の面接と変わらないケースもあります。

「カジュアル面談」と「面接」の主な違いは、企業側からすると次の通りです。

- **面談を受ける候補者に「転職意思」や「その先の選考に進む意思」がまだないことを前提に行われる**
- **自分たちの企業に興味を持ってもらうことを重視し、「企業側の説明」を厚めに行う傾向がある**

ただし、通常の面接の場合でも候補者側から辞退されることもありますし、「企業側の説明」も普通に実施するので、あまり本質的な違いではありません。

また、カジュアル面談は選考ではないといわれることも多いですが、実際には「この人を選考に進めても確実に不合格になる」という判断に至れば、その先の選考に進むことができない場合もあります。

「カジュアル面談」と「面接」の違いは、面接担当者側のスタンスの違いでしかないと理解するのがよさそうです。

ステップ3：会社にいながら自分の環境を変えられないか試みる

ステップ3では、ここまで避けていた問いに立ち向かいます。「別の会社に転職するか？　現職を続けるか？」です。あなたはすでに、モダンな開発技術に触れ、社外のエンジニアとも話したことがあります。「もし転職したらどんな技術を使ってどんな人と一緒に働くか」について、前よりずっとリアルに想像できるはずです。

また、「Wantedlyのプロフィールを見て「カジュアル面談」の誘いをかけてくれる会社とも何社か会いました。「自分なんてどこに行っても活躍できないんじゃないか」という不安は、少し軽減されたかもしれません。

現職の仕事を中立的な立場で振り返ろう

現職の仕事しか知らなかったいままでは、自分の仕事や会社を相対的に見ることが難しかったはずです。「辞めようと思えば辞められる」という感覚を持った状態で、現職の仕事を中立的な立場で振り返ってみましょう。

たとえば、次のような質問に答えてみると、考えが深まるかもしれません。

- 過去に戻って新卒の就活をするとしたら、いまと同じ会社に入るだろうか？
- 他の会社に転職したら、いまよりも成長できるだろうか？　いまよりも楽しく働けるだろうか？
- 現職を続けると得られるものは何だろうか？　逆に、失うものは何だろうか？
- 転職をせずに、自分の周りの環境を変えることはできないだろうか？

特に、「転職をせずに、自分の周りの環境を変えることはできないか？」という問いについては、一度、そのためのトライをしてみないとわからないことが多いです。クライアントも自社のメンバーも疲弊しないような生産性の高い開発ができるチームが、会社の別の部署には存在するかもしれません。もしかしたら、自分と同じようなモヤモヤを職場の人も抱えていて、周りを巻き込めばいまいるチームをより良い方向に変えられるかもしれません。

そんな可能性についてもう一度だけ模索をしてからでも、転職の意思を固めるのは遅くはありません。

いまの環境を変えるためのトライをしよう

次の手順を参考に、「転職をせずに、自分の周りの環境を変えることはできないか?」を検証するためのトライをしてみましょう。

●カジュアル面談の経験などを踏まえて、中立的な立場で「やりたいこと／やりたくないこと」を考える

○やりたいこと／興味を持ったこと

・例）モダンな技術を使って開発したい、定時に帰りたい、リモートワークしてみたい

○いまやっているけれど、本当はやりたくないこと

・例）Excel作業、手動テスト、スーツを着て出社すること

●上長に相談して、別のチームに異動させてもらう

○「もっとモチベーション高く仕事がしたい」とポジティブに相談したら、上長は相談に乗ってくれるか?

●自分ひとりから、仕事の生産性を上げるための努力を始めてみる

周囲の人の働き方を変えようと思ったとき、まずは自分の仕事の仕方を変えなければ、あなたの主張に説得力を持たせることはできません。会社を変えるためにまず何をするべきかについては、『カイゼン・ジャーニー』（市谷聡啓著、新井剛著、翔泳社刊）という書籍が役に立つかもしれません。この本では、アジャイル開発のノウハウを散りばめながら、「あなたひとりの行動から会社を変えるには何をするべきか」が具体的に紹介されています。いまの会社やチームにまだ希望を持っているのであれば、状況の見える化やふりかえりを通じて、開発組織を少しずつ良く変えていく試みを積み重ねてみましょう。あなたの所属する会社を内から変えることができるのは、あなただけかもしれません。

迷ったら、「転職活動」をしよう

これらの活動にトライしてみて、それでも状況が変わる見通しが立たなければ、転職を考え始めてもいいかもしれません。もちろん、自分の周りの環境を変えるには時間がかかり、すぐには判断ができない場合もあるでしょう。迷ったときは、転職を決意する前でも転職活動を始めましょう。実際に転職のオファーを承諾するまでは、

「転職しない」という選択肢をいつでも取ることができます。

また、「自分や環境を変えるための前提知識」で述べたように、「転職活動」をすることで、次のメリットを享受できます。

- 他の会社の事情を知ることができるので、いまの職場を客観的に評価できるようになる
- 個人としての立場で社外の人からの選考を受けるので、いまの自分を客観的に評価できるようになる

いまの職場と他の会社、その両方を深く理解することで、自分のこれからのキャリアについてより確信を持って決断することができます。また自分自身についても、いまの職場での評価とは独立して客観的に評価できるようになります。自分の能力を不当に買い叩かれていないか、よく考えてみましょう。

なお、現職を続けながら転職活動をする場合、基本的に会社の上司や同僚には転職活動のことは黙っておいた方がいいです。いまの職場を再評価できたり、良い転職先を見つけられなかったりした場合に、禍根を生むことなく自社に残り続けられるからです。

もちろん、キャリアに関するモヤモヤを上長にぶつけてみるのはよいでしょう。社内異動の交渉が有利に進んだり、勤務条件を改善するために動いてくれたりするかもしれません。

コラム　やりたいことがわからない人は、まだ転職活動をするべきではないのか？

「やりたいことが明確じゃないうちは、転職活動をするべきではない」と考える人がいます。

しかし、私はこの意見には反対です。自分の頭の中だけで「自分がやりたいこと」を正確に見極めるのは、ほぼ不可能です。もしかしたら、「自分がやりたいこと」なんて、まだ頭の中にはないかもしれません。

そんな人でも、企業の面接担当者と実際に面接をして、「この仕事をやりたいか？」とか「我々と一緒に働きたいか？」と問いかけられると、「やりたい／やりたくない」という判断が比較的容易にできます。面接を通じて具体的な職のイメージを何度も自分にぶつけてみることで、「やりたいこと」の輪郭は、徐々に浮き彫りになっていきます。

「やりたいこと」が明確じゃない人ほど、むしろ「転職活動」を積極的にやって面接の場数を踏んだ方がよいことが多いです。

ステップ4：転職活動で語れる実績を作る

ステップ4では、本格的に採用選考を進む準備として、改めて「実績づくり」をしていきます。特別なことを何もせず転職できる人もいると思いますが、まだ転職活動を進めることに自信が持てない場合は、意図的に「実績」と「自信」をつくりにいくことをおすすめします。

ここでの実績づくりの目的は、「Webの技術に対する最低限の興味や適性があることを示す」ことです。モダンなWeb開発が未経験の人と面接をする場合、面接担当者にはそもそも次のような懸念があります。

- 技術的な事柄に対して、それなりに興味があるか？　いずれ飽きてしまわないか？
- 技術的な仕事に対して、最低限の適性があるか？

たとえば世の中には、プログラミングにまったく興味が持てない人や、論理的な思考能力を求められる作業が極端に苦手な人がいます。そのような人をエンジニアとして採用するのはリスクがとても高いです。面接担当者は、常にそのようなリスクに対する不安を抱いています。その不安を軽減させるために、最低限の興味や適性を示すための実績をつくっていきましょう。その実績づくりの過程はあなたにとっても、自分自身の興味や適性を正しく知る上で役に立つでしょう。

ステップ4での実績づくりは、自分の状況に応じて次の2つの選択肢から選びます。

- プログラミング教室に通う
- 独学でオリジナルのWebサイトを構築する

プログラミング教室に通ってみよう

一番わかりやすい実績づくりは、プログラミング教室を卒業することです。エンジニア需要の高まりを受けて、働きながらモダンなWeb開発について実践的に学べるプログラミング教室が増えています。

主要なプログラミング教室は、次の通りです。

- TECH::CAMP(https://tech-camp.in)
- DIVE INTO CODE(https://diveintocode.jp)

●ジーズアカデミーTOKYO(https://gsacademy.tokyo)

この他にも、オンラインで完結するもの、転職サポートの手厚いものなど、特徴的なプログラミング教室が多数生まれています。

転職を目指す場合、基本的には土日や平日夜に勉強をすることになります。そのような状況を前提とした会社員向けのプログラミング学習コースが用意されています。内容も就職を見据えた実践的なものが多く、営業などの異職種からWebエンジニアとして転職した事例すらあります。

プログラミング教室に通うとまとまった学習時間を半強制的に確保できるので、「自分は300時間もプログラミングを勉強した」といった実績や自信につなげやすいです。

プログラミング教室に通うメリットは、主に次の通りです。

●体系的な知識が得られる
●やることが明確で、インプットやアウトプットに集中できる
●講師や受講生に相談できる、知り合いが増える

「そもそも何をどうやって学べばいいかわからない」という状態からでも、教室のカリキュラムに沿って学習に集中するだけで、体系的に知識を得ることができます。また、オフラインの授業がある場合は、似たような境遇の受講生と知り合って、一緒に勉強したり転職情報を共有できたりします。

逆にプログラミング教室に通うデメリットは、主に次の通りです。

- お金がかかる
- 卒業までに時間がかかる

特に働きながら教室に通う場合、卒業までに半年〜1年かかることもあります。すでにある程度の知識があったり独学が得意な人であれば、「転職してから仕事を通じて学んだ方が早い」と感じるかもしれません。

独学でオリジナルのWebサイトを構築してみよう

お金や時間の面でプログラミング教室には通っていられないと感じる場合は、独学でオリジナルのWebサイトやWebアプリケーションを作ってみましょう。サイトとしてのクオリティや保守性は、あまり気にすることはありません。自分なりのこだわりや思いを持ってそのサイトについて語ることができれば、実績づくりとしては十分です。

エンジニアとしての実績づくりという意味であれば、ネイティブアプリでも電子工作でも構いません。

ただし、Webサイトには1つの強力なメリットがあります。それは、成果物をURLで簡単に共有でき、ブラウザでアクセスするだけで誰でもすぐに見ることができる点です。書類選考で候補者の作ったネイティブアプリをインストールするのは手間がかかりますが、担当者もWebサイトであれば開いて見てくれることが多いです。

特にこだわりがなければ、次のような条件を満たすWebサイトを作ってみましょう。

- URLを知っていれば誰でもアクセスできる
  - 書類選考の担当が、選考中に確認できる
- サーバーサイドの実装がある
  - HTMLを設置しただけではない
- 独自ドメインを使っている

○本気度が伝わる、DNSの設定を経験できる
- 1カ月以内に見せられる状態になるくらいの難易度である
○完璧にすることよりも、完成させることの方が重要

Railsチュートリアルをやっている場合、RubyとJavaScriptは少し書いたことがある状態のはずです。そのため、サーバーサイドの実装には次のいずれかのフレームワークを使うといいでしょう。

- Ruby on Rails(Ruby)
- Express(Node.js)

また、デプロイする環境としては、Heroku(https://heroku.com)を使うと簡単でおすすめです。

作成するWebサイトの内容は何でもいいですが、自分が欲しいと思うサイトや、あったらいいと思うサイトを作りましょう。たとえば、次のようなサイトです。

- ブログ形式のメディアサイト

○自分が詳しく知っている分野について記事を書いて掲載するなど
●外部サービスのＡＰＩを使ったお役立ちサイト
○Twitterで電車遅延情報を検索して表示するなど

繰り返しになりますが、サイトとしてのクオリティや保守性を気にする必要はありません。モダンなWeb開発未経験のあなたがFacebookやTwitterのようなサービスを1カ月で開発できるとは、誰も思っていません。「Webの技術に対する最低限の興味や適性があることを示す」という目的が達成できれば十分です。

ちなみに、プログラミング教室に通わない選択をした場合、体系的な知識がないまま転職をすることになり不安かもしれません。しかし、成長できる環境に転職さえできれば、エンジニアとして仕事をするのに必要な知識は、仕事をしながらでも十分に学ぶことができます。

ステップ5：転職を見据えた会社選びをする

ステップ2でも場数を踏むために数社とカジュアル面談をしました。ステップ5では、さらに本格的に選考を進めたい会社を選んでいきます。

選択肢を広げるための会社選び

転職先の会社選びで「転職先が自分と合っているか」と同様に大事なのは、「その転職をすることで、その先の選択肢が広がるか」という点です。

1度目の転職でベストな会社に入社できるかはわかりません。本当はフリーランスとして働くのがマッチしているかもしれません。実はSIerの方が合っていたことに後から気付くかもしれません。転職後にさらに自分のキャリアを軌道修正できるように、選択肢がなるべく広がるような会社を選ぶことが重要です。

最初の転職では、「選択肢を広げる」ために次の点を意識することをおすすめします。

- 汎用的な技術力が身に付くこと
  - ○他の会社でも使えるスキルは、さらなる転職に有利になります
- 個人としての裁量があって成長できること
  - ○裁量が大きい方が、仕事上の実績を積みやすくなります
- 激務ではないこと
  - ○プライベートで勉強できる時間が確保できれば、仕事で関わる領域を変えやすくなります

これらを満たすためには、たとえば次のような要素を持った会社がよいでしょう。

- モダンで標準的な技術を積極的に使っている
- メンバーを信じて任せる文化がある
- ある程度、資金に余裕があり、事業やメンバーの成長に対して最適な選択を取ることができる
- 労働時間の長さよりも、生産性の高さを重視する

ここからは便宜上、これらの要素を満たす企業を「筋のいい企業」と呼ぶことにします。

大企業のことは大企業が、ベンチャーのことはベンチャーが、一番よく知っている

ある会社が「筋のいい企業」かどうかを見極めるのは、非常に難しいです。なぜなら、どんな企業も、募集や自社サイトには「筋のいい企業です」と見せるための情報しか載せないからです。もちろん、「筋のいい企業」として有名で名前が知られている会社はいくつかあるでしょう。

しかし、「BtoBの企業など、一般には広く社名が知られていない会社であっても、良い企業はたくさんあります。「筋のいい企業」の中から、さらに「自分とマッチしている会社」を見つけ出すなんて、奇跡に近いことです。

効率的に「筋のいい企業」と出会うための1つのテクニックとして、「自分が目指す企業と似たような属性の人材系企業を頼る」というものがあります。

一般に、大企業の人事が採用募集をかけるとき、ある程度、規模の大きく歴史のある人材系企業の転職サイトに募集を掲載します。逆にベンチャー企業の募集は、そ

のような歴史ある転職サイトではなく、比較的新しい転職サイトに掲載される傾向にあります。外資系の企業がグローバルに活躍できる人を募集するときには、同じく外資の人材系企業のエージェントに頼んで人材紹介を受けることが多いです。

たとえばあなたがベンチャー企業に興味がある場合、「人材系ベンチャー企業」の転職サイトや転職エージェントを使いましょう。一般に「筋のいいベンチャー企業」は、「人材系ベンチャー企業」に対して、採用活動への協力を頼みます。新卒の就活で大々的に使われるような大手就活サイトのことは、見向きもしません。

また、「人材系ベンチャー企業」には、ベンチャー企業に転職したい人が集まります。こうしたベンチャー企業間のエコシステムを使うことで、「筋のいいベンチャー企業」に出会う確率を上げることができます。

転職サイトか、転職エージェントか

転職先を探すためのサービスの形態は、主に次の2つです。

- 転職サイト
- 転職エージェント

「転職サイト」とは、企業やその求人が掲載されているサイトです。ここでは、前述したWantedlyも転職サイトに含めます。プロフィールを登録し、興味のある企業にアプローチをすることで、企業側から直接、面談の誘いが来ます。

「転職エージェント」とは、その名の通り転職活動の代理人を利用できるサービスです。転職エージェントサービスに登録すると、あなたに担当のエージェントが割り当てられます。担当エージェントはあなたと面談し、現在の仕事や今後やりたいことについてヒアリングしてくれます。エージェントはヒアリング結果を踏まえてあなたに合った企業を紹介してくれたり、企業との面接日程調整や面接前後のサポートをしてくれます。

転職サイトと転職エージェントは、どちらの方が良いというものではありません。それぞれの特性を理解して、両方を併用することをおすすめします。両者のメリットは、主に次の通りです。

●転職サイトのメリット

○どの掲載企業にもコンタクトを取ることができ、アプローチできる企業数が多い

○企業と直接、やり取りをすることができる

●転職エージェントのメリット
○あなたのスキルや経歴にマッチした、内定が出る見込みのある企業だけを紹介してくれる
○転職サイトには載らない企業情報を教えてくれることがある
○利害が一致したパートナーとして、キャリアの相談に乗ってくれる
○企業側との面倒なやり取りを代わりにやってくれる

ここから、転職サイトと転職エージェントの使い分け方法について説明します。

転職サイトで自分から興味がある企業にアプローチする

「転職サイト」は、幅広い企業に対してアプローチできるのが特徴です。まだ転職先や働き方について悩んでいる段階であれば、「転職サイト」を通じていろいろな業界の企業と会って、自分の転職活動をどう進めるかの判断材料を集めることができます。「転職エージェント」の場合、担当者によっては一部の企業だけを贔屓して紹介してくる可能性があります。「転職サイト」であれば、自分が興味を持った企業に

自由にアプローチできます。

また、面接に慣れるために場数を踏むときにも、「転職サイト」をうまく活用できます。

ステップ2で使ったWantedly以外にも、エンジニア転職に強い転職サイトを探して複数に登録しましょう。使い方については、ステップ2のカジュアル面談のフローとほぼ一緒です。時間の許す限り、多様な企業の人と話しましょう。

転職エージェントから企業の紹介を受ける

初めて転職活動をするあなたに一番不足している情報とは何でしょうか？　それは、世の中の企業の実態に関する情報です。Wantedlyで試しに「エンジニア」「中途採用」で絞り込むと、1万を超える求人募集が掲載されています。その1万の募集の中で、あなたに本当に合っているものは一握りしかありません。

一方、人材系企業で働く「転職エージェント」たちは、採用に関する「企業情報」を集めるプロです。それぞれの企業が、どのくらいのスキルの人を、どのくらいの数だけ採用しているのか。その企業に転職した人は、楽しそうに働いているか。どの企業から人が辞めているか、どの企業の採用がうまくいっているか。こうした情報を日々集めて、企業と候補者の最適なマッチングを模索している存在が、「転職エージェント」です。最終的に転職で利用するかはともかく、「転職エージェント」の持っている情報を活用しない手はありません。

転職エージェントを利用する流れは、次の通りです。

●どの人材系企業の転職エージェントサービスを利用するか選ぶ
●エージェントとの面談を予約する
●エージェントとの面談で、転職活動に関するヒアリングを受け、企業の紹介を受ける
○エージェントとの面談後も、マッチしそうな企業や募集があれば連絡をくれる
●気になる企業があれば、企業にあなたを紹介してくれる
●書類選考に通過すれば、企業との面談をセッティングしてくれる
○面談前後の企業とのやり取りは、エージェントが代わりにやってくれる

「転職エージェント」に対する印象から、「転職エージェントは採用企業側の利害だけで動くので、求職者の敵なのではないか」と考える人がいます。これは、多くの場

合は誤解です。

あなたがもし転職をする場合、「良い企業と出会い、本当にマッチする企業を見つけて転職する」ことがゴールになります。そのゴールに関して、「転職エージェント」との利害は一致しています。

「転職エージェント」にとって大事なものは、「あなたからの信頼」「企業からの信頼」「採用フィー」の3つです。あなたに良い企業を紹介できなければ、あなたはいつでもそのエージェントを切ることができます。そうならないように、「転職エージェント」は良い企業をあなたに紹介して「あなたからの信頼」を得ようとします。

あなたをマッチしない企業に紹介した場合、紹介された企業からは「マッチしない人を紹介してくるエージェントだ」という評価をされます。そうならないように、あなたと企業とのマッチ度合いには細心の注意を払い、「企業からの信頼」を保とうとします。

もちろん、あなたが紹介した企業に転職をすれば、「採用フィー」を獲得して売上につながります。ビジネス観点から考えても、多くの「転職エージェント」はあなたと利害が一致しています。

ただし、良い「転職エージェント」を見つけることができなければ、「筋のいい企業」と出会うことはできません。残念ながら、世の中には「邪悪な転職エージェント」が存在します。「邪悪な転職エージェント」には、次のような特徴があります。

- マッチしていない場合でも、なるべく多くの企業と面接させようとする
  - ○例）事前に「SIerは嫌だ」と伝えても、SIerの求人を紹介される
- 1人のエージェントが担当する人材の数が多過ぎる
  - ○例）エージェントとの面談が電話で30分程度しかない、面談前後のフォローがない

「邪悪な転職エージェント」を避けるための対策は、次の通りです。

- 大手ではなく、人材系ベンチャー企業のエージェントサービスを使う
  - ○知名度ではなく求職者側との信頼関係の高さでサービスを差別化しなければいけない場合が多く、サービスの質が上がりやすいです
- 電話ではなく直接、会ってくれるエージェントを選ぶ
  - ○地域によりますが、直接、会って1時間程度の面談をしてくれるエージェントもいます

● 複数のエージェントサービスを併用する

○ リスクを避けるために、複数のエージェントを併用するのが一般的です

● 違和感があれば、すぐに担当を変えてもらうか、そのエージェントサービスの利用自体をやめる

○「邪悪な転職エージェント」と無理に付き合い続ける必要はまったくありません

1人の「転職エージェント」に頼り切りだと、その人に足下を見られやすくなります。他の「転職エージェント」や「転職サイト」も併用して、エージェントに適切なプレッシャーをかけましょう。また、違和感があればすぐに別のエージェントに替えましょう。良い「転職エージェント」を見つけることが、良い「転職活動」をするための最も重要な点の1つです。

コラム 私の担当だったエージェントについて

私がSIerを辞めたときにも、転職サイトと転職エージェントを併用していました。そして最終的には、担当エージェントに紹介してもらった企業に転職しました。そのときの転職エージェントがとても細やかに転職活動をサポートしてくれました。

- エージェントとの面談は、直接、会って1時間
  - ○その場で希望に近い企業を数社、紹介してくれた
- エージェントとの面談後は、Facebookでつながり、Messengerで連絡
- 面接の前には、その企業ごとの注意点を教えてくれる
- 面接後には、企業からのフィードバックを伝えてくれる
  - ○質問し切れなかったことがあれば、代わりに企業の人事に聞いてくれる
- 転職後しばらくしたら、ヒアリングも兼ねてランチに誘ってくれた

特に、企業側の面談フィードバックを代わりに聞いて伝えてくれるのは、とて

もありがたく自信になりました。すべての転職エージェントがそのような対応をするべきとは思いませんが、私のケースでは、担当エージェントが孤独な転職活動の心強い味方になってくれました。

ステップ6：採用選考を受けて内定を得る

いよいよ、あなたがここまで作ってきた実績が試されるときです。「転職サイト」や「転職エージェント」を使って出会った企業について、採用選考のフローを進んでいきましょう。

選考に対する不安を解消する

良い企業がたくさん見つかったとしても、あなたはまだ選考フローに踏み出すだけの自信を持てていないかもしれません。選考に進んでもうまくいかなかったらどうしよう、という不安は尽きないでしょう。その不安と向き合うために、実績づくりと転職活動のリスクについて改めて考えます。

前述したように、転職活動を有利に進めるために最も大事なのは、実績です。特にエンジニアの転職活動であれば、仕事もプライベートも含めて、さまざまな活動が実績として評価されます。いままでSIerでやってきた仕事も、仕事である以上は実績として無駄にはなりません。あなたのTweetを眺めれば、仕事以外の勉強やアウトプットにも積極的で、エンジニアとして働くことを目指して日々努力していることがわかります。

きっとあなたが思う理想の実績といまの手持ちの実績には、大きな乖離があるでしょう。しかし、その乖離を埋めるのはほとんどの人間にとって不可能なことです。60%くらいの準備ができたら、諦めて前のめりに次のステップに進みましょう。

実績づくりが不十分なこともあり、もし転職活動で不採用になったらどうしよう、というリスクだけが目についてしまいます。しかし、どんなに不採用を積み重ねても、あなたの精神が無事でありさえすれば、何のマイナスもありません。むしろその失敗経験は、次の実績づくりや面接でも必ず役に立ちます。転職活動を通じて得られる成長もリターンに含めて考えれば、採用選考を受けるリスクはほとんどないはずです。

なお、もし転職活動がうまくいって内定が出た場合であっても、あなたはそれを断って「転職」自体をいつでもやめることができます。企業側からすると、中途採用の内定を辞退されるというのは、日常茶飯事です。

一般的な採用フローであれば、最終面接後に内定が出て、後日オファー面談に呼ばれ採用条件が提示されます。その企業からの採用オファーを承諾するまでは、現職に残るという選択肢を残し続けたまま転職活動をしても問題ありません。

一般的な採用選考のフロー

気持ちの準備がだいたい整ったら、実際に選考に進んでいきます。一般的な中途採用選考フローは、次の通りです。

- 書類選考
  - ○書類選考担当が、あなたのプロフィールや履歴書／職務経歴書を読む
  - ○実績を示すリンクが貼られている場合は、それも踏まえて判断される
  - ○その担当が「面接した方がいい」と判断した場合、人事担当が一次面接の日程調整をしてくれる
- 面接
  - ○2〜5回程度に分けて、会社のさまざまな人と会って話す
    - ・時間は30〜60分程度

■遠方の場合は、ビデオ通話でリモート面接をすることもある

■会社によっては、技術的な問題を課される「技術面接」もある

○面接担当者が「次の面接に進んだ方がいい」と判断した場合、人事担当が次の面接の日程調整をしてくれる

○最終面接であれば、人事担当があなたに内定を告げ、オファー面談の日程調整をしてくれる

●オファー面談

○想定する職務内容、給与額、労働時間など、「採用後にどんな条件で働くか」に関する説明を受ける

○その場でオファーを承諾する必要はなく、複数企業のオファーを比較して、後日、承諾の連絡をする

■会社によっては、オファー承諾までに期限を設定されることもある

これから、それぞれのステップについて詳しく見ていきます。

必要書類を書く中で、これまでの自分を棚卸しする

一般的な書類選考では、「履歴書」と「職務経歴書」を提出することになります。この書類を記述する中で、自分がこれまでやってきたことを棚卸ししましょう。学生時代に特筆すべき実績があればそれを書くのもいいですが、できれば仕事の内容を中心に書くのがいいです。仕事上の適性を判断するには、仕事上の実績を使うのが最も参考になるからです。

棚卸しおよび書類の作成は、次の観点で実施するとよいでしょう。

- 「自分が成長したこと」に目を向ける
  - ○次の職場でも適切に成長できることを示すための判断材料を探しましょう
  - ○「それまでの自分のスキルや考え方では解決できなかった課題」にぶつかった経験に目を向けると探しやすいです
- 「周りから評価されたこと」を振り返る
  - ○自己評価をすると、過度に厳しくなったり甘くなったりしがちです
  - ○「周りからどのような点を高く評価されたか」を考えることで、客観的な評価で裏打ちできます

● 「思い」ではなく「事実」を中心に書く
○ 実績とは、「実際に現れた功績」のことであり、自分にまつわる「事実」のことです
○ 「思い」は誰にでも言えますが、「事実」はそれを経験した人しか言えません
● 情報に「メリハリ」を付ける
○ 棚卸しした結果を言葉にするときは、「どこを読ませたいか」を整理しましょう
○ 10個も推すところがあるのは、逆に何も推していないのと同じです

もちろん、これまでのステップで学んできたことやアウトプットしてきたものを示すために、GitHub、Twitter、ブログ、作ったWebサイトなどのURLを忘れず記載しましょう。

書類選考を通過する

多くの場合、面接をする前に書類選考があります。「転職エージェント」を使っている場合、あなたは書類選考を意識しないかもしれません。そのような場合でも、暗黙的に書類選考が実施されている場合がほとんどです。

書類選考では、お互いに面接のコストを払ってまで面接する価値があるかを判断されます。マッチする確率が低いことが書類から明らかな場合、それなりの移動時間をかけて面接場所に集まり、1時間も面接をするのは、あなたにとっても面接担当者にとっても、無駄でしかありません。そのような不幸を減らすために、書類選考があります。

書類選考で見られるのは、たとえば次の点です。

- エンジニアリングに対する最低限の興味や適性があるか
- 年齢相応の実績があるか
- 既存の社員の経歴と近いか

まずは、エンジニアリングに対する最低限の興味や適性があることが前提となります。前述した通り、書類に技術的な内容が何もなければ、エンジニアとして採用するのはリスクが高いと判断されるでしょう。ここはステップ4を通っていれば、クリアできます。

また、年齢に応じて、書類選考で見られる点は大きく変わります。20代前半であれば、「第二新卒」といわれるように、ほぼ新卒扱いで判断されます。20代後半でも、ギリギリ「ポテンシャル層」として大きなキャリアチェンジもできるでしょう。30代を超えてくると、徐々に採用職種と関連した実績を強く求められる傾向があります。もちろん、会社の平均年齢や求める人物像によって評価基準は変わります。

採用後に実際活躍できるかという点では、既存の活躍している社員とどのくらい近い経歴かも判断軸になります。極端な話をすれば、海外大学の博士卒しかいない会社が国内大学の学部卒の人を採用する確率はかなり低いでしょう。

適切な実績を積んだ上で、自分の経歴に会った会社を選べていれば、書類選考は通過できます。通過できない場合は、応募する会社の幅を広げましょう。

中途採用選考で「面接」が担う役割

書類選考を通過したら、いよいよ実際に企業の人と会うことになります。ここは、「カジュアル面談」でも経験した通りです。

改めて、あなたと企業が面接をする意味について考えてみましょう。典型的な新卒一括採用の面接とは違って、中途採用選考の面接は単純に「企業があなたを評価する」場ではありません。面接では、あなたと企業が一緒になって、次の点を擦り合わせていきます。

- 企業側の立場
  - ○自社が持っている情報と、あなたが話した内容や印象を合わせて、あなたが職場にマッチするか判断する
- あなたの立場
  - ○あなたが持っている情報と、面接担当者が話した内容や印象を合わせて、職場があなたにマッチするか判断する

新卒の就職活動では、求職者側がまだフルタイムで働いたことがないので、企業側がある種一方的にマッチングを判断するしかありません。しかし、中途採用の場合、あなたはすでに別の会社で働いたことがあります。また、会社員として仕事をしている知り合いも多くいるはずです。その経験や知識を踏まえて、あなたは面接先の会社と他の会社を比較し、その会社が自分に合っているかを判断できます。

つまり、「あなたと企業は、お互いに選び、お互いに選ばれる、対等な立場である」

ということです。その意識を持って、自分から企業の情報を取っていき、あなたと職場がマッチするかどうかを面接担当者と一緒になって考えましょう。

新卒採用と比べて、中途採用の面接には一般的に次の特徴があります。

- 志望理由はあまり聞かれない
  - ○むしろ企業側があなたの志望度を上げるために協力してくれる
- よりカジュアルな場になりやすい
  - ○企業側と対等な立場で話せる

また、小さな規模の会社であれば、CEOや技術のトップとも面接で会うことになります。経営層と話しながら、企業の文化や目指しているものについて話を聞き、自分と合っているかどうかの判断材料にしましょう。

通常の面接で気を付けること

どんなにカジュアルな場でも、面接に慣れるまでは緊張してうまく話せない人がほとんどです。過度に謙遜してしまったり、変に自分を大きく見せようとしてしまったりしがちです。マッチングの精度を上げるためにも、あなたのこれまでやってきたことや仕事に対するスタンスなどを、なるべく正しく面接担当者に伝える必要があります。そのために気を付けることを説明します。

面接には、「通常の面接」と「技術面接」の2種類があります。「通常の面接」で気を付けることは、主に次の点です。

● 「ポジティブ」な話をする
○ ネガティブな内容も、ポジティブに言い換えましょう

● 「自信」を持って、自分の「実績」を伝える
○ 書類に書いたような、「成長したこと」「評価されたこと」「転職のためにやったこと」を、自信を持って伝えましょう
○ ここまでのステップをちゃんと実行したあなたは、胸を張って語れるほどの十分な実績を持っています

● 「自分の言葉」で会話を楽しむ
○ ありのままの自分の言葉で話すことで、ありのままの自分で働ける環境かどうかをチェックすることができます

○事前にトークスクリプトを作るのはやめて、自然な対話を楽しみましょう
○もし面接の場を少しも楽しめないような会社であれば、そもそもマッチしていないかもしれません

特に、ポジティブに振る舞うことはとても重要です。同じ思いや事実に対して、それをネガティブに語ることも、ポジティブに語ることもできます。

たとえば、転職理由を聞かれたときに「レガシーな技術ばかりでつまらないので辞めたい」とネガティブな表現を使うこともできます。しかし、同じことを「興味がある技術を業務で使うために転職したい」とポジティブに表現する人の方が、一緒に働きたいと思われやすいです。

実際の仕事上のコミュニケーションにおいても、ポジティブなスタンスが取れる人との方が、前向きで建設的な議論がしやすくなります。１つのことを伝えるにも、なるべくポジティブに言い換える癖を付けましょう。

技術面接で気を付けること

「技術面接」とは、技術的な課題を解かされるような面接です。全体の面接数からすると数は少ないですが、エンジニア採用においては技術面接を取り入れている会社も一定数あります。

技術面接の内容は、あるプログラムの内容を説明させるものや、要件を満たす簡単なプログラムをその場で書くものなど、さまざまです。

「技術面接」で高い評価をされるには、次の意識を持つことが重要になります。

● わからないことは、積極的に面接担当者に質問する
- ○ 普段の仕事でするように、わからないことは質問をしましょう
- ○「課題の解決のために、どのような質問をするか」は、仕事が円滑にできるかどうかを判断する材料になります
- ○ 逆に、検索すればすぐにわかるような知識がないことを理由にあなたを不採用にする会社は、良い会社ではありません

● 課題に取り組む最中に考えたことは、なるべく口に出す
- ○ 面接担当者は、あなたの頭の中を見ることはできません

○「課題をうまく解けたか」という結果ではなく、「課題に対してどのように取り組んだか」というプロセスが重視されます

特にポテンシャル層の採用においては、「現在のスキル」をチェックするための「技術面接」にはあまり意味がありません。どちらかというと、「他の人に適切な質問ができるか」とか、「大きな課題を小さな課題に分割して取り組めるか」など、あなたが課題をどのように解きにいくかを観察されます。その解き方を見て、「今後技術的に成長できそうか」を判断されるわけです。

自分がまったく知らないプログラミング言語の課題が出たり、意図したプログラムを正しく書くことができなかったりしても、慌てる必要はありません。面接担当者を仕事の先輩だと思って、一緒に課題に取り組みましょう。

面接で落ちるのは、「スキルが足りないから」だけではない

面接を受けていく中で向き合わなければいけない事実があります。それは、「面接は不合格になることがある」ということです。やはり面接に落ちると、気持ちが落ち

込みます。その会社のことが、少し嫌いになるかもしれません。

面接に落ちたときに最も重要なのは、「自分の能力が低いから落ちたんだ」と、不当に自分を低く評価しないようにすることです。意外に思われるかもしれませんが、どんなに技術的に優れた人であっても、選考に落ちることがあります。「スキルが足りないから」以外にも、面接で落ちる理由としては、たとえば次の理由があります。

- 企業の文化や求めるポジションとマッチしていない
  - ○例）プロダクト志向の人が、技術志向の人を求めている会社に落ちた
- すでに必要な人数の採用が完了してしまった
  - ○例）採用予定人数が決まっていて、少し早く選考を通過した他の人が最後の枠を埋めた直後だった

企業側の都合やタイミングが理由で不採用になるというケースは、普通にあります。同じ企業であっても、タイミングが違えば受かっていた人が、事業のフェーズや採用状況次第で不合格になったりします。

もし面接に落ちたときは、自分を責めるのではなく、「ただ縁がなかった」と割り切っ

て別の会社の面接に進みましょう。タイミングも文化も要求スキルもマッチする会社が、探せばきっと見つかります。

コラム とあるWeb系ベンチャー企業の面接担当者が見る評価ポイント

私は、エンジニアの中途採用選考担当者として、書類選考や面談を多く担当してきました。面談で会った人数は、150人を超えています。こうした選考の中で、特に20代のポテンシャル層との面談でどんなポイントを見て評価しているかを紹介します。会社によって評価基準はさまざまですが、1つの例として参考にしてください。

●特に見ているところ

○「適切な自責思考」

- 課題のある状況に対して、自分の責任範囲でできることをまずトライする
- 現状に不満を言うだけではなく、状況を変えるための道を主体的に選択する

○「意図的なポジティブさ」

- 失敗や課題をあえてポジティブに捉え、自分や組織の成長のために利用できる
- 性格の明るさは特に関係ない

○「考え過ぎず、早く行動して早く失敗する」

・最低限の準備が整ったらすぐ行動して、小さな失敗を積み上げて大きな成功を勝ち取れる

●あまり見ていないところ

○「現在の技術的なスキル」

・成長する速度に期待できれば、現時点でのスキルが低くても問題にはならない

○「転職の経験や回数」

・ポジティブな転職であれば、むしろ「状況を変えるための大きな選択」ができるとしてプラスに評価する場合もある

技術的なスキルは、若いエンジニアであれば後からいくらでも獲得することができます。そのときに成長するポテンシャルがあるか、事業の成長に対して価値ある選択ができるか、などを重視して評価しています。

ステップ7：内定が出た会社の中から、転職先を選ぶ

あなたは、面接でめでたく内定を勝ち取ることができました。その時点で転職を決意していれば、次に働く会社を選択し、いまの会社を辞める必要があります。

現職および内定が出た会社の中から、働く場所を選ぶ

もし転職活動が成功していれば、複数の企業からオファーを受けることができます。また、オファーを承諾するまでは、現職で働き続ける選択肢も残されています。改めて、「どの道に進めば楽しく働けるか」を考えてみましょう。

ここでの選択は、あなたの人生を大きく左右する選択の1つになるでしょう。どんなアドバイスを受けたとしても、最後は自分自身の意見を信じて決めましょう。誰かの意見を鵜呑みにして決断をしてしまうと、仮にそれが間違っていたときでも、その決断を他人のせいにすることができます。自分がした選択の責任を自分で取ることで、自分事としてその選択を反省できます。そうすれば、その次の重要な選択は、

前よりもっとうまくやれるはずです。

ここでは判断の参考として、次の点について考えてみましょう。

●その仕事は、どのくらい自分の将来の選択肢を広げるか？

○選択に失敗したときのリスクを下げるためには、その先で取れる選択肢をなるべく広げられるような選択をしましょう

▪例）その会社で数年働いた経験は次の転職にプラスになるか？　汎用的なスキルを身に付けられそうか？

●その仕事を選ぶのに、必要な情報は足りているか？

○より後悔のない選択をするために、情報を集めましょう

▪例）転職先候補の企業に詳しい人からその企業の話を聞けないか？　相談に乗ってくれる友人に連絡を取れないか？

決断をすることは勇気がいることですが、十分な情報を集め、しっかりと考えた上で、一番いいと確信を持てる選択をしましょう。

オファーを承諾する

最終面接で内定が出た場合、後日、オファー面談をすることになります。オファー面談では、給与額などの採用条件を提示され、場合によってはオファー承諾期限を告げられます。

これまで残し続けてきた「現職に残る」という選択肢を捨てる決意をした場合は、内定が出た会社の中から、どれか1社のオファーを承諾することになります。

オファーの承諾に関する注意は次の通りです。

- 転職する可能性のある企業のオファーをなるべくすべて集める
  - 早期にオファーが出た企業には、できるだけ他の企業のオファーが出揃うまで待ってもらいましょう
- 給与水準が不当に低いオファーは受けない
  - 能力や若いときの時間を不当に安売りしてはいけません
  - 必要であれば、他社のオファー条件を話して交渉しましょう
  - 大きなスキルアップが見込める場合、そのメリットとの兼ね合いで判断します

オファー条件の中で最も重要な情報は、給与額です。活躍によってはすぐに給与が上がることもありますが、現職の給与を鑑みても不当に低い給与水準である場合は、注意しましょう。複数のオファーを見比べてみることで、その金額を客観的に評価したり、交渉をする場合に有利に話を進めたりできます。

迷うことがあれば、気軽に企業の人事に相談してみましょう。一緒に働くことになるかもしれないあなたからの相談であれば、親身になって聞いてくれるはずです。

現職を辞める

転職先の採用オファーを承諾したら、いまの会社を辞めなければいけません。辞意を会社に伝えるのは緊張しますが、自分の決断を信じて真摯に伝えましょう。

会社を辞めるときのフローは職場によって異なりますが、一般的なフローは次のような形です。

- **まず直属の上司に転職することを告げる**
  - 「転職したい」という思いではなく、「転職することになりました」という事実を伝えましょう

○まだ悩んでいる場合は、相談するつもりで話を切り出しましょう

●直属の上司から言われた通りに、上長に辞意を伝えるための面談を行う

○複数人の上長との面談が必要な場合もあります

○部下が辞めると自分の評価が下がることもあるので基本的には引き止められます。自分の考えをしっかり伝えましょう

○転職の理由を聞かれた場合は、関係性を無意味に悪くしないためにも、現職への不満ではなくポジティブな理由を述べましょう

●退職時期を調整する

○業務の引き継ぎに必要な期間などを考慮し、上司や同僚と退職時期について調整しましょう

○有給をすべて使い切れるように、現職と転職先に対して交渉しましょう

○もうすぐボーナスが出る場合は、それをもらってから退職するのもいいでしょう

●退職の手続きをする

○会社の規定に従って、退職届の提出など必要な手続きをします

特に重要なのは、いつ退職するのかを決める部分です。民法627条には、「当事者が雇用の期間を定めなかったときは、各当事者は、いつでも解約の申入れをすることができる。この場合において、雇用は、解約の申入れの日から二週間を経過することによって終了する。」と定められています。つまり、法律上は最短で退職届を出した2週間後には辞めることができます。

ただし、実際には引き継ぎや退職手続きのために、1～2カ月はかかることが多いです。

余っている有給休暇をすべて取得する場合は、その日数も加算して希望退職日を算出しましょう。あらかじめ転職先に入社日を伝えている場合に、現職との最終出社日の調整がうまくいかず、有給休暇をすべて使い切れないこともあります。その場合は、入社日を遅らせられないか転職先に相談してみましょう。まとまった休みを取れる機会はかなり貴重なので、できるだけすべての有給休暇を消化するのがおすすめです。

有給消化期間を楽しむ

現職の最終出社日を終えた後は、長い有給消化期間を楽しみましょう。次の職場でエンジニアとして働くために勉強をしてもいいでしょう。何も考えずに趣味に没頭したり、海外旅行に行くのもいいかもしれません。

転職までの経緯をアウトプットする

現職にモヤモヤを抱いていたあなたは、仕事の合間を縫って少しずつ実績を積み重ねてきました。その努力が認められて、無事に転職活動を成功させ、楽しく働くためのチャンスをつかむことができました。転職活動お疲れ様でした。

そんなあなたにしかできない情報発信があります。それは、転職までの経緯をまとめてパブリックな場に公開することです。あなたと同じように、楽しくない仕事に少しずつ精神を削られ、いつか楽しく働くことを夢見ている人はたくさんいます。ぜひ、「Twitter のハッシュタグ「#完全SIer脱出マニュアル」で、あなたの転職活動について教えてください。

そしてできれば、これから転職活動をしようとしている人たちのために、ブログ記事を書いて公開してみてください。転職した直後のあなただからこそ、書ける記事、伝えられる思いがあるはずです。

心ない人に揚げ足を取られ、叩かれることもあるかもしれません。でも、この本が少しでもあなたの背中を押したように、あなたの発信した情報で背中を押される人がきっといるはずです。

まとめ

- 転職を決意する前であっても、今後のキャリアを考える材料を得るために、転職活動を始めましょう
- 自信を持って転職活動を有利に進めるためには、仕事以外での適切な実績づくりが重要です
- 現職を続けるのか、内定が出た会社のどこかで働くのか、最後は自分自身の責任で決定します

第4章
転職したその先のキャリア

長期的なキャリア選択にマニュアルはない

前章で説明した内容をそのまま実践していれば、あなたは転職という「楽しく働くための第一歩」を踏み出すことができたはずです。転職をするというのは人生においてとても大きな決断であり、周りの人全員が賛成してくれるわけではありません。周囲の反対を押し切ってでも、自分の責任で転職を決断し、新しい環境に飛び込んでいきます。その判断が正しかったどうかは、その時点ではわかりません。転職した後に楽しく働き続けることが、決断の正しさを証明します。

そこで、続く第4章と第5章では、エンジニアが楽しく働き続けるためにはどうすればいいのかについて考えていきます。

「楽しく働いている人」とは、どういう人でしょうか？　1つの特徴は、自分のやりたい仕事が明確で、実際にそれに近い仕事ができていることです。

自分がどんな仕事をどんな立場でやりたいか。それを明確にすることは、意外と難しいことです。強固だと思われていた自分自身の価値観や考え方でさえも、ある日を境にコロッと変わってしまうかもしれません。楽しく働けていることを検証するためには、「自分は何をしたい人なのか？」「いまやっている仕事は本当にやりたいことか？」を常に問い続けなければなりません。

この章では、第2章の「自分や環境を変えるための前提知識」で少し紹介したエンジニアの働き方の多様性について、さらに広く網羅的に紹介します。そこから浮かび上がる多様なエンジニア像の中から、あなたは「本当に自分がやりたいこと」を数年、数十年かけて見つけていくことになります。

そのキャリアをつくっていく道筋には、汎用的な「マニュアル」はありません。あなたが、自分自身と向き合い続け、正解らしい答えを出し、その答えを失敗の中でさらに否定し修正し続けるしかないのです。

どんな事業に関わるか

エンジニアとしての働き方を規定する要素の1つは、どんな事業に関わって仕事をするかです。プロダクト開発も、事業上の目的があって実施されているはずです。どんな事業に関わっていたかによって、キャリアに色が付いたり、得られる知識や触れる文化に偏りが出たりします。

ここでは、次の観点で関わる事業を考えます。

- ビジネスモデル
- 業界
- 規模
- 成長性
- 外資／内資
- 非IT企業

やりたいことができていないと感じるとき、「どんな事業に関われればそれができそうか？」を考えてみることが解決のヒントになることがあります。

社内調整が多すぎて辟易している場合は、小規模で成長性の高い事業に移れば裁量が大きくなって調整業務が減るかもしれません。自分の役割を明確にしたい場合は、大規模な外資系企業に行けば解決するかもしれません。キャリアにユニークさを出したい場合は、特定の業界知識に詳しくなったり、非ＩＴ企業の１人目エンジニアになったりすることを考えてみるのもよいでしょう。

ビジネスモデル

事業のビジネスモデルを分ける大きな軸として、BtoCかBtoBかという分類があります。

企業が一般生活者と取引をして収益を上げる事業形態をBtoCと呼びます。BtoCの事業に関わることで、世の中の人々の生活や習慣を直接変えることができます。一般的には、事業の収益が流行などに左右されやすく、ハイリスクハイリターンなビジネスモデルになりやすいです。

企業が他の企業と取引をすることで事業を成立させる形態は、BtoBと呼ばれます。BtoB事業の場合、エンジニアが活躍できる役割が開発以外の領域にも広がる傾向にあります。たとえば、後述するサポートエンジニアやソリューションアーキテクトなどの職種は、基本的にBtoBの会社にしかありません。

課金体系でビジネスモデルを分類する方法もあります。ハードウェアやソフトウェアの買い切りモデルであれば、短期的に莫大な収益を上げやすくなっています。一方、最近増えている月額課金のサブスクリプションモデルであれば、比較的安定した収益を維持しやすく、積み上げ式で売上を予測しやすいというメリットがあります。

特定のビジネスモデルやその事業上の勘所を知っていることは、キャリアの上でも強みになります。

業界

事業が軸足を置く業界によっても、働き方や身に付く知識が変化します。

たとえば、ECサイトとゲームでは、それぞれの開発の仕方は大きく異なります。特にゲーム業界は開発に使うツールや手法が独自の進化を遂げており、一般的な

Web開発やネイティブアプリ開発と様相が異なります。Unityエンジニアなど、ゲームエンジンを使った開発案件は、当然ゲーム業界に集中しています。

同じWeb開発であっても、業界ごとの業務知識というものもあります。AdTech、FinTech、EdTechなど、xxTechという言葉が流行っていることからも、業界ごとにテクノロジーの発揮の仕方が異なってきていることがわかります。

特定業界に関する知識が強いエンジニアになるというのも、キャリア戦略の1つです。

規模

企業の規模や事業のフェーズによっても、働き方が大きく変わります。

新規事業の立ち上げフェーズなどで人数が少なければ、スペシャリストよりもジェネラリストが求められがちです。大規模な会社や案件であれば、合意形成や生産性の維持がより難しくなり、特にマネジメントの重要性が増します。事業のフェーズが進むにつれて、システムや組織が抱える課題、それに対して求められる役割の像も大きく変化していきます。

世の中のエンジニアを見ていても、0から1を作るのが得意な人と、1を10や100に拡大するのが得意な人に大きく分かれます。そのどちらに強みを持って働くか、意識的に考えてみるのもよいでしょう。

成長性

関わるべき事業を見極めるポイントの1つが、その事業がいまどのくらい成長しているかです。

成長している事業では、お金を比較的自由に使うことができます。新しい人を採用したい。PCのスペックを上げたい。技術検証で新規のクラウドサービスを契約して試したい。お金があればあるほど、リスクの高い投資をしやすく、長期目線で事業にとってプラスになる選択肢を選びやすいです。

お金に余裕があると、時間的なコストを払う余裕も生まれてきます。リファクタリングや言語のバージョンアップなど技術的負債の返済に一定時間を使うには、ある程度の事業成長が前提になります。

もしかしたら単に成長している事業に関わるだけで、あなたのキャリアのモヤモヤが軽減されるかもしれません。

外資／内資

企業文化や一緒に働く人の属性を大きく変える要素として、外資系企業かどうかという観点があります。

一般に、外資系企業の方が能力主義で、若くても優秀であればどんどん裁量を与えられます。また、多国籍なチームで働くことも多いので、英語を業務で使いたい場合に外資系企業を選ぶ人もいます。高い実績を上げることができれば、本国のオフィスで働くチャンスもあるかもしれません。

非IT企業

第2章で述べたIT企業の定義は、「社内にいる一定割合の人が、ITを使ったサービスやプロダクトの開発や運用に従事している」ということでした。エンジニアとして非IT企業に入社するというのも、大きな選択肢の1つです。エンジニアが圧倒的に少ない会社の方が、むしろ人材としての希少性は増して、活躍しやすくなるかもしれません。

非ＩＴ企業の例として、ＥＣサイトの開発を外注しているアパレルブランド企業を考えてみましょう。サイトの外注をする際は、技術的な要件を社内の情報部門がまとめることになります。日々の定常業務でも、社内のシステム、ネットワーク、ＰＣなどを選定し効率的に保守する必要があります。デジタルマーケティングのＰＤＣＡを回す際にも、社内にエンジニアがいた方がそのスピードが上がります。ＩＴシステムが業務の根幹を担うようになった現代において、どんな企業であれ優秀なエンジニアをどう採用するかが事業にとって重要な要素になっています。

どんな役割を担うか

どんな事業に関わるかだけではなく、その事業の中でどんな役割を担うかということも、キャリアを決める上で重要です。

1つの事業には、さまざまな役割の人が関わっています。営業がモノを売り、経理が資産や収支を管理し、人事がメンバーを採用します。

ITをバックグラウンドに持つ人が主に担っている役割は、とりわけ数が多いです。エンジニアの職種は日々細分化され、アイデンティティのよりどころは多様化しています。

ここでは、ある事業の中でエンジニアがどのような形で価値を発揮するかの例を、なるべく網羅的に紹介します。便宜上、その役割が主に向き合う対象によって大きく次の6つに分類しています。

- アプリケーションやシステムに向き合う役割
- データやモデルに向き合う役割

- 開発の生産性や品質に向き合う役割
- ユーザーや市場に向き合う役割
- 業務や組織に向き合う役割
- 事業に向き合う役割

今の役割が自分に向いていないと感じる場合は、担う技術領域や向き合う対象を大きく変えてみることをおすすめします。

向いてないマネジメント業務を任されるようになった場合は、特定領域の開発や運用で専門性を発揮できるよう役割を変えた方がいいかもしれません。逆にコードを書くより人と話している方が好きな場合は、チームやユーザーと向き合う仕事に移ってみるのもいいでしょう。自分だけではなく他の人の業務を効率化することに生きがいを感じる場合は、組織をエンジニアリングの力で改善する立場に立って働いてみるともっと楽しく働けるかもしれません。

アプリケーションやシステムに向き合う

主にアプリケーションの開発やインフラの効率的な管理などに直接的に向き合う役割を紹介します。このカテゴリに属する役割が、一般的によくイメージされるエンジニア像に最も近いのではないでしょうか。

◆フロントエンドエンジニア

Webのフロントエンド機能を開発するエンジニアです。HTML/CSS/JavaScriptと、それらを効率的に記述しビルドするためのエコシステムに精通しています。

かつてのWebシステムは、サーバーサイドでほとんどの処理を行い、フロントエンドは単純にその結果を表示するだけでした。しかし、近年はクライアント端末のハイスペック化やWebブラウザの機能発展によって、フロントエンドの比重が大きく増しています。業務アプリケーションに占めるSaaSの割合が増え、SPAやPWAなどWebフロントエンドでよりネイティブアプリに近い体験を提供するための技術が登場しています。

こうした流れの中で、専任のフロントエンドエンジニアを置く会社はかなり増えています。

◆デザインエンジニア

デザイナーとフロントエンドエンジニアの間に生まれた役割です。デザインの知見と、フロントエンドの特にUIに関わる部分の技術の両方を持っています。

Webサービスを機能ではなく体験によって差別化するケースが増えたことで、その体験をデザインから実装まで1人で担うことのできる役割の需要が増しています。

◆ネイティブアプリエンジニア

クライアント端末にインストールするタイプのアプリケーションを開発するエンジニアです。特に、AndroidかiOSのアプリを開発する人が多く、それらのプラットフォームに対する専門的な知識を持っています。

Webアプリケーションに置き換え始められたとはいえ、OSやデバイスの機能を最大限引き出すことのできるネイティブアプリの需要はまだまだ衰えていません。

◆サーバーサイドエンジニア

アプリケーションのサーバーサイド側の機能を開発するエンジニアです。クライアント側で完結しないアプリであれば、WebでもネイティブでもIoTでも、サーバーサイドの実装は存在します。

また、クライアントサイドに比べてプログラミング言語の選択肢が多いのが特徴です。メインで書く言語にアイデンティティを求めコミュニティ活動をするエンジニアもたくさんいます。Ruby、Go、Python、PHP、Java、Scala、Node.jsなど、日本でもそれぞれの言語ごとに大規模なカンファレンスが開催されます。

◆インフラエンジニア／SRE

サーバーサイドの機能を安定的に提供するためのインフラを構築するエンジニアです。特にクラウドインフラを前提とした場合は、AWSやGCPなどが提供するIaaSやPaaSを組み合わせてインフラ構築します。運用面でも、デプロイ、監視、負荷対策、障害対応フローの整備を担うことが多いです。

近年では、インフラエンジニアの役割をさらに拡大したSRE（Site Reliability

Engineer)という言葉が生まれ、開発と運用の境界をどのように溶かしてサービスの信頼性を担保するのかの知見が集まっています。

◆組み込みエンジニア／ハードウェアエンジニア

ハードウェアやその上で動く前提のプログラムを開発するエンジニアです。これまでは、古き良き日本のメーカーエンジニアがほとんどを占めていました。しかし、最近のメイカームーブメントやIoTの流行を受けて、ハードウェア事業を展開するスタートアップも増え、ハードウェアエンジニアの働き方も多様化しています。

◆ゲームエンジニア

ゲーム開発のクライアントサイドは、一般的なWebアプリケーションやネイティブアプリケーションと異なる独自の進化を遂げています。「Unity」や「Unreal Engine」などの標準的なゲームエンジンを使った開発がより一般的になっており、特定のゲームエンジンに特化したエンジニアも登場しています。

また、ゲームプラットフォームにもよりますが、プログラミング言語としてもC#

やC++を使って開発することが多いようです。

データやモデルに向き合う

主にデータの分析や活用に向き合う役割を紹介します。ビッグデータ、機械学習、AIが単なるバズワードの範疇を超えてきた中で、比較的最近に登場した職種たちです。

◆データサイエンティスト

Harvard Business Reviewのある記事は、「データサイエンティストは21世紀で最もセクシーな職業である」と述べました。データを蓄積、分析するためのコストが大幅に下がったいま、膨大なデータを統計分析して経営上の意思決定などに役立てることの需要が高まっています。

データ分析に使うプログラミング言語は、主にPython、R、SAS、SPSSなどです。特にPythonはデータ分析のためのライブラリやアプリケーションの開発が最も盛んであり、好んで使われています。

◆データエンジニア

データサイエンティストの役割の一部を切り出した新たなエンジニアのロールです。データサイエンティストを「データを分析する人」だとすれば、データエンジニアは「データ分析とアプリケーションの実装をつなぐ人」です。データの収集やクレンジングをしたり、適切なデータベースを選定したりなど、データ分析を取り巻くエンジニアリングの領域を担います。

また、分析した結果をどのようにアプリケーションに組み込んで価値を出すかについて設計、実装する役割を含む場合もあります。

◆機械学習エンジニア／AIエンジニア

データサイエンティストやデータエンジニア的な役割の中でも、特に機械学習や人工知能に特化した人たちを指す言葉も登場しています。

機械学習そのものや機械学習を取り入れたシステムは、これまでの統計分析や一般的なシステムとは性質が異なります。従来の演繹的なアプローチから、訓練データセットを用意して帰納的にモデルを構築していくアプローチを取ります。また、特にディープラーニングにおいてはブラックボックス性があり、総じて不確実性がとても高くなります。そんな中で、どのように機械学習システムを構築し品質を保証し続けるのかについて、特別な専門性が求められるのではないかという議論が日々されています。

開発の生産性や品質に向き合う

主に開発にまつわる生産性や品質に向き合う役割を紹介します。大規模なチームや会社では、生産性や品質を高く保つための専門的な職種を置いているケースが比較的多いです。

◆エンジニアリングマネージャー

エンジニアチームの生産性を最大化することに責任を持つ役割です。会社によってエンジニアリングマネージャーの役割はさまざまですが、主にメンバーの課題解決をサポートしたり、チームのコミュニケーションを円滑にしたりなど、チームとしてよりよい仕事ができるように振る舞います。エンジニアの採用に対して責任を持つこともあります。

なお、いわゆる古き良き日本企業では、マネージャーになることがエンジニアにとっての唯一のキャリアアップ方法であるというイメージが強くあります。一方、外資系企業やベンチャーではマネージャーはあくまでも役割の1つであり、エンジニアのたくさんあるキャリアパスのうちの1つとしてみなされることが多いです。

◆スクラムマスター／アジャイルコーチ

2001年にアジャイルソフトウェア開発宣言が発表されて以来、さまざまなアジャイル開発のプラクティスが生まれてきました。スクラム開発もその手法の1つであり、スクラムを適切に実行するためにスクラムマスターという役割を定義しています。スクラムマスターは、チームのパフォーマンス向上のために、プランニングやふりかえりなどを主導します。

スクラム開発の現場を多く経験することで、さらに会社やプロジェクトの枠を超えてアジャイル開発の考え方や方法論を伝えるアジャイルコーチとして活躍する人もいます。モダンなWebアプリケーション開発の現場ではアジャイルに開発をすることが一般的になってきましたが、開発速度の低い現場はまだ残されています。レガシーな開発現場にもっと楽しく生産性の高い仕事をするための手法をもたらすための役割が、まだまだ求められています。

◆QAエンジニア

システムの品質保証の重要性が増しノウハウが体系化されたことで、QA（Quality Assurance）エンジニアという職種も登場しています。QAエンジニアは、その名の通りシステムの品質を高く保つために必要なエンジニアリングを担う役割です。主にテストの全体像を設計し、機能テストや負荷テストなどの実施に責任を持ちます。

また、日々改修されているシステムの質が下がっていないことをチェックし続けるために、CI（継続的インテグレーション）の仕組みを整えることも必要です。

◆セキュリティエンジニア

システムの品質基準の1つとして、セキュリティ品質の高さが強く求められるケースがあります。こうしたシステムの特性によっては、セキュリティ分野において高い専門性が求められセキュリティ専門の役割が定義されていることがあります。セキュリティエンジニアは、一般的なシステムの攻撃手法やその対処に精通し、担当するシステムのセキュリティ要件に応じた品質保証に責任を持ちます。コンピュータウィルスやサイバーテロが国際的な問題になっているいま、セキュリティの専門家に対する需要もこれから高まっていくと予想されます。

ユーザーや市場に向き合う

主にアプリケーションが提供されるユーザーや市場に向き合う役割を紹介します。会社の中ではなく外に向き合う中で、製品の価値を最大化するための仕事をします。

◆サポートエンジニア

サポートエンジニアは、ソフトウェアやアプリケーションを使うユーザーからの問い合わせに対して適切に対処します。「サポート」と聞くと単純なコールセンター業務を想像しがちです。しかし、特にエンジニア向けに提供されているアプリケーションのサポートを担う場合、サポートエンジニアによる専門的な知識に基づいた対処が必要です。

アプリケーションがユーザーの意図通りに動かない場合、それがユーザーの操作や環境の問題なのか、アプリケーションの障害なのか、原因の切り分けを速やかに実施します。そのためには、提供するアプリケーションの知識、アプリケーションが動く環境に対する技術知識、技術的な内容を相手の知識レベルに合わせてわかりやすく伝えるスキルが求められます。

どんなに素晴らしいものを開発しても、それがユーザーに正しく使われないと価値が半減してしまいます。サポートエンジニアの仕事は、エンジニア向けアプリケーションの提供に欠かせないものです。

◆セールスエンジニア／ソリューションアーキテクト

BtoBのアプリケーションを提供する場合、それをクライアント企業の既存のシステムの中にどのように組み込んでもらうかを支援する必要があります。セールスエンジニアは、クライアント企業にアプリケーションの技術仕様を適切に伝え、導入後のスムーズなアプリケーション活用を実現する手助けをします。

より深くクライアント企業のシステム戦略に関わり、自社の製品を中心とするソリューションを提案する役割として、ソリューションアーキテクトと呼ばれる職種もあります。たとえば、ＡＷＳ製品のソリューションアーキテクトであれば、クライアント企業の課題をヒアリングし、ＡＷＳ製品の中から最適な構成を考えて提案します。特に使い方の自由度が高いアプリケーションやサービスの場合、その最適な使い方をクライアント企業ごとに提案することで、価値を最大化することができます。

これらの役割にも、ビジネススキルだけではなくエンジニアとしての広範な技術知識が不可欠です。

◆テクノロジーエバンジェリスト／デベロッパーアドボケイト

エンジニア向けに提供されているテクノロジーやアプリケーションについては、世のエンジニアにその価値を広く伝えてユーザー数を増やすことが、事業の成功につながります。特に自社の技術がデファクトスタンダードの地位を得ることで、その技術に関するノウハウや周辺ソフトウェアが流通するようになり、プラットフォームとして機能するようになります。

こうした技術情報の発信を専門に担う職種を、テクノロジーエバンジェリストやデベロッパーアドボケイトと呼びます。Googleやマイクロソフトなどの大企業で目立ちますが、開発者向けに何かを提供している会社であれば必要な役割です。なお、自社が世の中のエンジニアと有効な関係を構築するための活動は、PRと区別してDevRel活動と呼ばれています。

◆グロースハッカー

主にWebサービスやWebメディアの成長をテクノロジーで実現する役割です。Webマーケターに近いですが、事業目線でより広範な役割を担う場合にグロースハッカーと呼ばれることが多いです。グロースハッカーはWebマーケティング上のデータを可視化し、ユーザー数や売上を増やし続けるための施策を連続的に実施・検証します。

必ずしもエンジニアである必要はないですが、Webサービス自体に手を入れたり、Webマーケティングツールを使いこなしたりするためには、Webプログラミングができる方が有利になります。

一般的には、フロントエンドの技術知識や「Google Analytics」などのWebマーケティングツールに関する知識が求められることが多いです。

◆プロダクトマネージャー

プロダクトを事業として成功させることに責任を持つ役割が、プロダクトマネージャーです。一般的には、プロダクトのターゲットユーザーを理解し、プロダクトが生み出す体験を設計し、機能開発に優先度を付け、提供方法や価格を決めます。スタートアップ企業ではプロダクトマネージャーをCEOやCTOが兼任する場合が多いですが、事業が大きくなったり複数になったりすると、適切な権限委譲のために役割が切り出されることがあります。

プロダクトマネージャーが開発作業を直接的に担うケースは少ないので、必ずしもエンジニアである必要はありません。ただし、機能開発の優先度を決めるときなど、エンジニアとして実装の難易度が見積もれた方がうまくマネジメントできることが多いです。実際、プロダクトマネージャーの募集要件にエンジニアとしてのソフトウェア開発経験が盛り込まれていることもあります。

業務や組織に向き合う

主に自社の業務や組織に向き合う役割を紹介します。事業の進捗を間接的に加速させるための仕事です。

◆コーポレートエンジニア

組織の課題をエンジニアリングで解決するための役割です。社内SEと呼ばれることもありますが、内製文化が強い会社ではコーポレートエンジニアが社内システムの開発まで積極的に担う場合があります。1つの会社ではエンジニア以外にもさまざまな職種の人が仕事をしています。その仕事の生産性をエンジニアリングのアプローチを使って最大化します。

最低限の役割としては、社内ネットワークや端末の管理、業務システムの調達があります。さらに、業務の自動化や経営的な意思決定に必要なデータの可視化などを積極的に実施する場合もあります。

◆エンジニア採用担当／技術広報

エンジニアの採用活動には、エンジニアが関わることが一般的です。技術スキルやエンジニアとしてのスタンスの良さを評価するためには、エンジニアとしての業務経験があった方が精度が上がるからです。また、エンジニアであれば開発チームやプロダクトの技術的課題について、より魅力的に伝えることができるでしょう。

エンジニアが専任で採用担当の仕事だけをやるケースはあまり多くはないですが、日常業務の合間に書類選考や面接をするエンジニアは多数います。

◆VP of Engineering

VP of Engineering（VPoE）は、エンジニア組織のトップとしてチームマネジメント全体に責任を持つ、エンジニアリングマネージャーが担う役職の1つです。

技術のトップとしてCTOがいる会社ではVPoEの役割を兼務しているケースが多いです。あえて明示的に分離する場合は、CTOが技術課題に、VPoEが経営課題に取り組みます。

事業に向き合う

自社の事業に向き合う役割としては、CTO／技術責任者があります。

◆CTO／技術責任者

CTOや技術責任者は、事業や経営に関する課題の中で、技術的なものに責任を持ちます。特に中長期の技術戦略を描き、開発に関わる大きな意思決定に対してオーナーシップを発揮します。エンジニアの視点で経営に関わる場合の最も典型的な役職であり、CTOを意識的に目指すエンジニアもいます。

EXIT どんな就業形態で働くか

担う役割だけではなく、開発案件や開発組織に対してどのような就業形態で関わるのかによっても、エンジニアの働き方は変わります。一般的には正社員で働くことを選ぶ人が多いですが、フリーランスとして働くことをあえて選択したり、起業を志したりする人もいます。

ここでは、次の4つの主な就業形態について説明します。一般に、左にいくほど働き方の自由度としては上がります。

- 正社員
- 常駐型フリーランス
- 在宅型フリーランス
- 個人サービス開発／起業

今の働き方に対して違和感がある場合は、そもそもの就業形態を変えてみるのも強力な選択肢の1つです。

特定のスキルをなるべく多くの現場で発揮したい場合は、正社員でいるよりもフリーランスになった方がいいでしょう。そもそも毎日決まった場所に通い続けることが苦手な場合は、特に在宅型フリーランスを目指した方がいいかもしれません。働きたい会社や関わりたい事業が見つからない場合は、それを自分で作ってしまうことだってできます。

正社員

正社員として働くと、会社の仕事に対して一定程度のコミットメントを求められます。その分、内部統制の観点で本番環境へのアクセスなど特定の作業を正社員に限定していることもあります。こうした事情から、正社員の方がより大きな意思決定に関わったり、重要な役割を担ったりしやすいです。特定の会社の業務に深く集中的に関わりたい場合は、正社員として働く方が有利です。

一方、複数の仕事を経験したい場合は、正社員は向いていません。会社によっては正社員の副業が禁止されていることもあります。契約の都合上、仕事を変えるときのコストも一般的には正社員の方が大きいです。

常駐型フリーランス

一方、フリーランスとして働くと、さまざまな会社の仕事を経験しやすくなります。パラレルに複数の案件に少しずつ関わることも、フルタイムの仕事を短期間で変えることも、正社員に比べてやりやすくなります。

フリーランスの形態の1つとして、常駐型フリーランスというものがあります。常駐型の場合、多くの場合は企業にフルタイムで常駐して、他の正社員のエンジニアと一緒に働きます。契約期間があらかじめ決まっており、数週間から数カ月で別の会社の現場に移ることも多いです。常駐型フリーランスの案件を仲介する人材会社も多く、自ら営業しなくてもエージェントが仕事先を紹介してくれます。

働き方だけを聞くとSESと似ているように思えますが、責任の所在が大きく異なります。SESの場合は、一般的には常駐先を自分で選ぶことはできません。常駐型フリーランスの場合は個人事業主として会社と面談するため、仮に合格しても自分の責任でそれを断ることができます。

まだ自分が何をしたいのか、本当に関わりたい会社がこの世にあるのかがわからない場合、常駐型フリーランスとしてさまざまな会社の中で一時的に働いてみるのもよいかもしれません。

在宅型フリーランス

フリーランスのもう1つの形態が、在宅型フリーランスと呼ばれるものです。明確な定義はありませんが、一般的には仲介業者などを介さず知人の紹介などで仕事を得て、複数の案件をリモートワーク主体で進める人が多いです。

案件によってはフルリモートで働くことができるため、住む場所や働く時間を比較的自由に決めることができるのが大きな特徴です。エンジニアとして正社員で働く場合、東京など大都市圏に住む必要があることが非常に多いです。住む場所を自分で決めたい場合は、在宅型フリーランスを選ぶことで自由度が圧倒的に上がります。極端なケースでは、世界中を旅しながらフリーランスのエンジニアとして日本の開発案件をこなす人もいます。

個人サービス開発／起業

エンジニアであれば、誰かの作った会社の開発案件ではなく、自分の考えたサービスを開発してマネタイズするという道もあります。かつては個人開発のスマートフォンアプリがかなりの売上を上げるなど、個人でサービスのマネタイズに成功している例も珍しくない時代がありました。最近では求められる質の向上や開発会社の数が増えたことによって、以前よりは厳しくなっている印象です。しかし、最近でも個人開発サービスの「Peing - 質問箱」が企業に買収されるなどの例もあります。

また、個人事業主として開発するだけではなく、起業をして人や資金を調達するという道もあります。起業をしても成功するとは限りません。ただし、一般的にリスクを取って起業した経験は次に転職活動をするときに高く評価されます。事業が失敗に終わっても、多額の借金を背負ったりしない限りは、個人のキャリアとしてはプラスになることがほとんどです。

既存の会社や事業に興味が持てない場合は、自分でサービスや事業を立ち上げることにトライする道も残されています。

コラム エンジニアとしてのキャリア選択の例

この章では、事業、役割、就業形態の3つの視点で、働き方を決める要素を紹介してきました。エンジニアとしての経験を活かして働くときの選択肢は、思ったよりも多かったのではないでしょうか？ 自分の興味や望む働き方に最もマッチした要素に出会うことができれば、きっといまよりももっと楽しく働けるようになるはずです。

ここで、筆者である私の現時点でのキャリア選択の例を紹介します。

関わる事業としては、BtoBのベンチャー企業にマッチしていると感じています。

- **世の中の無駄な業務をなくしたり、仕事を楽しくしたりすることに興味がある**
- **1つの役割だけではなく、事業に必要なことであればいろいろと手を伸ばしてやりたい**

役割としては、サポートエンジニア、デベロッパーアドボケイト、採用担当、技術広報に惹かれています。

- プログラムを書くより、人と話している方が好き
- トークや文章で難しいことをわかりやすく伝えるのが得意
- プロダクトや会社の潜在的な価値が適切に外部に伝わっていないことに「もったいない」と強く感じる

就業形態としては、現時点では正社員を選んでいます。

- 技術よりも事業やプロダクトへの興味が強く、1つの事業に長期間しっかり関わりたい
- 自分でやりたいことを貫くよりも、誰かの実現したいことをサポートする役回りの方が得意

このように、自分の興味、考え方の傾向、得意なことなどを踏まえて、現時点でのキャリア選択をしています。この例を見るだけでも、単純に「IT企業でエンジニアとして働く」という言葉だけでは表現しきれないグラデーションが、エンジニアそれぞれに存在することがわかります。

まとめ

- 人それぞれ楽しく働くための最適なキャリアパスは大きく異なり、そこに汎用的なマニュアルは存在しない
- 関わる事業、担う役割、就業形態によって、身に付けるべき知識やスキル、働き方は大きく変化する
- それらの膨大な組み合わせの中から、自分が楽しく働き続けるために最善のものを選び続ける必要がある

第5章 一生楽しく働くために

キャリア選択の幅を広げる3つの武器

前章では、エンジニアのキャリアの多様性について説明しました。役割の部分で紹介した職種名だけでも20種類以上あります。目指すべきキャリア上の選択肢がたくさんあることは、とてもワクワクすることです。自分がやりたいことを見つけるためのヒントは得られたでしょうか。

前章で述べたように、「楽しく働いている人」とは自分のやりたい仕事が明確で実際にそれに近い仕事ができている人でした。しかし、たとえやりたいことが明確になったとしても、誰もがそれを仕事にできるわけではありません。実際に取りうるキャリア上の選択肢は、スキル、年齢、これまでの実績、人脈の広さなどによって大きく制限を受けます。自分や環境の変化に対応しながら楽しく働き続けるためには、常にキャリア選択の幅を広く保ち続ける必要があります。

楽しく働くことと、楽して働くことは、似ているようでまったく違います。楽しく働き続けることは、決して楽ではありません。誰もが1人だけでは働けない以上、働き方を選ぶためには、なるべく多くの人に「一緒に働きたい」と思ってもらうことが大切です。そのためには、自分の価値を証明し続ける必要があります。

第2章でも述べたように、「成長」とは「チャンスをつかみやすくするための準備」です。自分が発揮できる価値を高めることによってのみ、楽しく働くための自由を獲得することができます。

本書の最後となるこの章では、自分の価値を高めてキャリア選択の幅を広げるための3つの武器を紹介します。一生楽しく働くために、きっとあなたの役に立つでしょう。

EXIT スキルセットのユニークさを高める

エンジニアが自分自身の価値の出し方を考えるとき、まずはどの分野で知識やスキルを身に付けようか考えると思います。ゲームをよくやる人であれば、「ステータス振り分け」を考えるとわかりやすいかもしれません。他のステータスを差し置いて、攻撃力だけを上げるのもいいでしょう。2つのステータスの組み合わせで自分独自の役割を模索しても、活躍しやすくなるかもしれません。

スキルの組み合わせのことを「スキルセット」と呼びます。大まかにいえば、スキルセットとしてのユニークさと、そのスキルセットの需要の高さによって、あなたの市場価値が決まります。自分の市場価値が高い方が、よりキャリア選択の幅が広がります。

専門性を高める

スキルセットの持ち方を決める戦略には、大きく2つあります。専門性を高めるか、複数の異なるスキルを掛け合わせるかです。まずは、専門性を高めるという戦略について考えてみます。

エンジニアとしてユニークさを出す最もわかりやすい方法は、特定の技術や領域に圧倒的に詳しくなることです。たとえば、ＰＨＰをメインで使っている会社であれば、ＰＨＰの言語仕様やライブラリにとても詳しいエンジニアの需要が高まります。ブラウザの仕様に誰よりも精通していれば、もしかしたらブラウザの開発やWeb標準策定に関われるようになるかもしれません。前章で紹介したエンジニアの各役割を極めれば、その領域でより高いレベルを求められる仕事も任せてもらえるようになります。フロントエンド、サーバーサイド、ＳＲＥ、データサイエンス、ＱＡ、セキュリティ、マネジメントなど、極める対象となる領域はたくさんあります。

また、これらの各領域も、蓋を開けば中身はさらに細かい技術領域に分かれています。自分の興味や適性に応じて１つの領域を選び、そこを深掘りし続けることで、同じスキルレベルを持った人がエンジニアの中の１０００人に１人しかいないといった状況を作り出すのも可能です。

ただし、特定の領域を極めることで市場価値を上げようとした場合、気にしなければばいけないことがあります。それは、どの技術に投資をするかということです。どんなに専門性が高くても、そのスキルや技術に需要がなくなればあまり意味がありません。たとえば、ＩＥの過去のバージョンの仕様にどんなに詳しくなっても、ＩＥが使われなくなった時代ではあまり役に立ちません。クラウドインフラがさらに普及すれば、オンプレのサーバーを構築するためのスキルを発揮できる現場はいまよりもっと少なくなるでしょう。

自分の興味関心とズレない範囲で、「この技術は今後も生き続けるか？」と意識することで、市場価値を高く維持することができます。技術のトレンドにアンテナを張り、関わる技術に死の匂いを感じたらすぐにそれを捨てて新しい投資先を見つけることが大切です。

異なるスキルを掛け合わせる

一点突破でスキルセットのユニークさを出す戦略は、単純な分だけ、競合がとても多いです。１０００人に1人にはなれても、10万人に1人のレアリティを出すことは難しいかもしれません。常にその分野の第一線で活躍できる人は、非常に限られていきます。たとえば機械学習をいまから学び始めても、普通に仕事で使えるようにはなれど、その領域でずっと研究を重ねてきた人の知識量には叶わないでしょう。

1つの分野を極めるよりも簡単にスキルセットのユニークさを実現する方法があります。それは、まったく異なるスキルを組み合わせることです。たとえば、エンジニアリングの経験に加えて、漫画を描く能力を組み合わせます。すると、技術の解説漫画を描くという本当に限られた人にしかできない仕事ができるようになります。たとえば大企業のＩＴ部門に長くいて、そこでの実態や大企業特有の問題に詳しくなった人が、執筆や講演などの情報発信も得意だったとします。すると、レガシー企業の業務改善に関する専門家として各メディアや企業から引っぱりだこになります。

スキルの組み合わせ方にルールはなく、自分次第でまったく新しい領域を開拓することができます。

ではスキルの組み合わせは、どのように選べばいいでしょうか？　エンジニアであれば、エンジニアとしての得意分野があると思います。そのスキルからなるべく遠いものを組み合わせることで、ユニークさは増します。

ただし、組み合わるスキル自体にそもそも需要がないと、スキルセットにも価値が出にくいです。また、そのスキルの組み合わせ自体に相乗効果があり、そのスキルの組み合わせを持った人にしかできない仕事があるかどうかも十分に検証する必要があります。たとえば、エンジニアリングスキルに加えて、美味しく漬物を漬けるスキルを組み合わせても、あまり市場価値は上がらなそうです。

さらに、得意なことや好きなことに関連したスキルの習得を目指せば、スキルアップも早くなり、自分のやりたい仕事に近づきやすくもなります。たとえば、音楽が好きでずっと関わっていた人であれば、音楽にまつわる知識とテクノロジーを組み合わせた情報発信を繰り返すことで、自分なりのやり方で趣味だった音楽を仕事につなげることができるかもしれません。

もちろん、目指すべき最強のスキルセットが最初から見えることは稀でしょう。実際には、試しにスキルの組み合わせを使ったアウトプットをしてみて、世の中の反応を見ながら需要があるかどうかを検証していくことになります。

1つの専門分野を極めることに限界を感じた場合は、2つの得意分野や知識領域を掛け合わせることを考えてみてはいかがでしょうか？　あなたの創造力次第で、よりオリジナリティのあるキャリアを生み出すことができるはずです。

目立った実績をつくる

第3章の「完全SIer脱出マニュアル」でも繰り返し説明したように、どんなに潜在的なスキルがあっても、それを対外的に示すための実績がなければ仕事を任せることはできません。逆に実績があれば、「この人ならここまでの仕事はできるかも」と周囲の人に思わせることができます。

自分の実績を少しずつ積み上げることが、突然やってくる「楽しい仕事にありつくチャンス」をつかむための準備になります。

第3章では、最初の転職を成功させるための最低限の実績づくりについて紹介しました。本章では、エンジニアが中長期的に目指すべき、もう少し大きな実績について考えていきます。

ここでは、主な実績のつくり方として次の5つを紹介します。

- 職歴
- OSSへのコントリビュート

- カンファレンス登壇
- 技術書の執筆
- コンピュータサイエンスの学位取得

中長期的なキャリア戦略を考える上で、これらの実績のどれかをマイルストーンにおいてみると、自分がやるべきことが明確になるでしょう。めでたく大きな実績を得ることができれば、その先のキャリアの選択肢が開けて、楽しく働き続けるための道すじが見えてきます。

職歴

最もわかりやすい実績は、職歴です。人材の多様性がどんなに重要だと主張されていても、同じ会社や部署にいる人のスキルレベルはやはり似通ってきます。優秀な人が多い会社に在籍したこと自体が、その人の実績になります。職歴は仕事上の実績なので、一緒に仕事をする人を選ぶ上でも参考にされやすいです。「この会社に、この時期に、このポジションで働いていたなら、この難しい役割も任せられるだろう」

といった判断は、中途採用の選考でもよくされています。

実績としての職歴だけを考えれば、名の知れた会社や優秀な人が多いことで有名な会社に入社する方が有利です。最初の転職で自分が望む会社に行けなかったとしても、仕事を変えながら少しずつ職歴を積み上げていくことで、新卒のときには想像できなかった会社にもいつか入ることができるでしょう。

もちろん、実績づくりのためにやりたくもない仕事をする必要はありません。ただし、もし選べるのであればなるべく今後の選択肢を広げるような会社に入ることをおすすめします。

OSSへのコントリビュート

エンジニアならではの実績の作り方もあります。その1つが、OSSにコントリビュートすることです。

レガシーなSIerにいるとあまり意識しませんが、一般的な開発現場ではOSSをフル活用してアプリケーション開発が行われます。OSSの恩恵を得ることで、独自に開発するコストをかけずに品質の良いソフトウェアを使うことができるからです。

依存ライブラリのバージョンアップへの対応も、コミュニティの誰かがやってくれることが多いです。生産性の高い開発には、ＯＳＳのエコシステムが不可欠になっています。たとえばこの本で登場したRubyもRuby on RailsもNode.jsもExpressも、すべてオープンソースです。

ＯＳＳの重要性が上がっていることで、ＯＳＳ開発に貢献することがその人の実績として評価されるようになってきています。ＯＳＳにはオーナーやコアチームがいることが多いですが、修正の提案自体は誰でも送ることができます。多くの場合は、GitHubのPullRequestを送る形でコードの変更案を送ります。その変更がオーナーやコミッターにレビューされ、設計やコードに問題がなくＯＳＳの方針とも矛盾していなければ、マージされます。

「世界中で使われているＯＳＳのコードの一部を書いた」というのは、エンジニアのリスペクトを得られる強力な実績の１つです。

なお、ＯＳＳへの貢献の仕方はコードを書くことだけではありません。バグのIssue化、ドキュメントのメンテナンスや翻訳、コミュニティの運営など、関わり方は人それぞれです。コード修正をするハードルが高ければ、まずは自分にできる貢献から始めてみるのがいいでしょう。

貢献する対象となるOSSの選び方も重要です。職歴と同様、実績づくりだけを考えれば、できるだけ名の知れたOSSに貢献した方がいいです。

ただし、普段から使っているOSSでなければ貢献の仕方もよくわからないでしょう。また、好きなOSSを選んだ方がモチベーションを保ちやすいです。

OSSの本質は単なるコードベースではなく、コミッターとユーザーからなるコミュニティです。自分の時間を使ってでも貢献したいと思えるコミュニティに出会うことができれば、自然な動機でOSSへのコントリビュートをすることができるでしょう。

カンファレンス登壇

カンファレンスに登壇するというのも、エンジニアが目指しやすい実績の1つです。日本でも技術コミュニティごとに次のような大規模カンファレンスが定期的に開催されています。

● HTML5 Conference

- RubyKaigi
- PHP カンファレンス
- 東京Node学園祭
- DroidKaigi
- try! Swift

また、次のように特定の技術に依存しない技術カンファレンスも存在します。

- builderscon
- Developers Summit

これらのカンファレンスの多くは、招待されたスピーカーのセッションだけではなく、一般参加者からのプロポーザルを受け付けています。つまり、誰でもそのカンファレンスに登壇するチャンスがあるわけです。

もちろん、ある程度の技術的な実績がないと選ばれる確率は下がるでしょう。しかし、カンファレンス参加者の需要に応えられるネタを話すことができれば、技術力や知名度だけで登壇者が決まるわけではありません。

カンファレンスへの登壇に必要なのは、技術的なネタづくりと、登壇への慣れです。セッションで話す技術的なネタは、普段の仕事か趣味の開発のいずれかから生まれます。仕事で技術的にユニークな挑戦をしていて、対外的にも発表できそうな場合は、それを話しましょう。実際の現場で使われているノウハウやリアルな失敗談は、聴衆からも好まれやすいです。

仕事からネタが生まれなさそうな場合は、趣味で開発しているものや調べたことをネタにしましょう。趣味ならではのニッチなトピックを極めれば、参加者の興味を引くことができるかもしれません。

まったく登壇したことがない人がカンファレンスにいきなり登壇するのは、実績面でも精神面でも難しいでしょう。まずは小さな勉強会のLTに登壇することから始めてみましょう。登壇を重ねる中で、どんなネタに反響が大きいか、どう話すと伝わりやすいか、などを検証していきます。慣れてきたら、より大規模なイベントに登壇したり、もっと長いセッションを担当したりして、一歩一歩カンファレンス登壇に近づいていきましょう。

カンファレンスでの登壇は、人前で話すことが苦手でなければ、比較的目指しやすい目標の1つです。技術的な目標が見つからない場合は、好きなカンファレンスに登壇することを目指してみるのはどうでしょうか？

技術書の執筆

「技術をわかりやすく伝える」という意味でカンファレンス登壇と並ぶ実績になるのが、技術書を執筆することです。大きめの書店に行けば技術書コーナーがあり、そこにはたくさんのＩＴ関連技術の書籍が並んでいます。それらの技術書の多くは、専業の技術書作家ではなく、エンジニアとして働く人が仕事の合間に執筆したものです。

つまり、エンジニアとして働きながら執筆した技術書が、全国の書店やAmazonなどのオンラインストアに並ぶのです。自分が執筆した書籍が商業出版されることは、キャリアにおける十分な実績になります。

技術書を商業出版する場合、基本的には出版社に持ち込みをすることになります。企画段階で持ち込まれたものが出版に至ることもありますし、別の場所である程度の実績を上げたコンテンツが商業出版化されるケースもあります。

出版社では、「この人がこのテーマで技術書を出したらこのくらいの部数が売れそうだ」という見込みが立ってから、企画にGOサインが出されます。つまり、執筆者が有名であったり、書籍のテーマに需要があることが事前にわかっていたりした方が、出版に至る確率が高くなります。

また、執筆者の知名度やテーマの需要を示すための実績がないと、それを信じさせることはできません。技術書の執筆自体を最終的な個人の実績とおいた場合、そこにこぎ着けるためのいわば「中間実績」が必要になるわけです。

執筆者自体がもともと業界の有名人であるような場合は、まだ世に出ていない企画がいきなり商業書籍化されるケースもあります。カンファレンス登壇やブログ執筆などを通じてフォロワーを増やしていれば、「そのフォロワーの一部は書籍も買うだろう」という見立てが立つからです。

しかし、多くの場合は、執筆するテーマに需要があることを事前に検証することで、出版のリスクが低いことを示すのが重要です。検証手段としては、主に「Web連載」と「同人誌頒布」があります。

Web連載をするには、出したい書籍と同じテーマでWeb上のコンテンツを作成し、定期的に公開します。漫画などの場合はTwitterでWeb連載されるケースもありますが、技術書の場合は文字中心のメディアで連載するのが現実的でしょう。自分のブログやQiitaなどを使えば、今日からでも技術コンテンツのWeb連載をスタートすることができます。

また、大手の技術系出版社であれば、自社のWebメディアを持っていることもあります。出版社に持ち込まれた技術書の企画が、まずは自社メディアでのWeb連載からスタートするようなケースもあるようです。Web連載でPVやソーシャルブックマークを多く集めたコンテンツであれば、書籍として出してもある程度の売上を見込むことができます。

商業出版のための中間実績を作るもう1つの方法が、同じテーマの同人誌を頒布することです。同人誌を頒布するには、同人誌即売会にサークル参加し、執筆した技術同人誌を印刷・販売します。「コミックマーケット」や「技術書典」などの同人誌即売会では、毎回、多くの技術同人誌が新刊として頒布されています。

また、オンラインでも、「booth」などのショップ作成サービスを通じて、同人で書かれた紙の本や電子書籍が流通しています。人気のある同人誌であれば、1000冊以上を売り上げることもあります。

ちなみにこの『完全SIer脱出マニュアル』も、もともとは技術書典で頒布された同人誌でした。同人誌としてある程度の売上や話題性を作ることができれば、それが商業出版をするための実績になります。

コツコツと文章を書くのが好きであれば、技術書執筆が向いているかもしれません。まずはWeb連載や同人誌から小さく始めてみてはいかがでしょうか？

コンピュータサイエンスの学位取得

エンジニアとしての実績づくりも兼ねて、よりアカデミックな領域に飛び込むという道もあります。具体的には、大学に入り直して学士／修士／博士などの学位を取得することです。エンジニアであれば、特にコンピュータサイエンスの学位を取るのが実績としては最もわかりやすいでしょう。

一部の大学では、平日の昼間に働いている人を対象に、夜間や休日の講義だけで学位取得ができるコースが提供されています。また、最近ではMOOCと呼ばれるオンライン講義を提供する大学も増えています。MOOCで単位や学位の取得が認められることもあり、海外大学の修士号をすべてオンラインで日本にいながら取得するケースも出てきています。

フルタイムで勤務しながら講義を受けたり論文を書いたりすることは、時間的にかなり厳しいものがあります。しかし、体系的にコンピュータサイエンスについて学ぶために大学に入り直すエンジニアも、一定数います。

修士や博士の学位であれば、公式に認められたアカデミック領域での強力な実績になります。たとえば、米国内の大学の修士号以上を保持していれば、アメリカの就労ビザが取得しやすくなります。自分のキャリアにコンピュータサイエンスの専門家としての色を付けていくのであれば、学位取得を目指すのがよいかもしれません。

つながりを広げる

この章では、キャリア選択の幅を広げるためのスキルや実績について説明してきました。加えて、楽しく働くために重要なのが、なるべく多くの人と知り合い、深いつながりを広げておくことです。

ある人が一緒に働く人を選ぶとき、一般的にはまったく知らない人よりは、知人に紹介された人の方を優先して採用します。信頼のおける人からの紹介であれば、価値観の近さや仕事上のパフォーマンスの高さがある程度、保証されているからです。

社員に紹介された人を会社が採用することを「リファラル採用」と呼びます。ベンチャー企業や外資系の大手ＩＴ企業の多くは、よりリスクを抑えられるリファラル採用に力を入れています。会社のフェーズや採用職種によっては、中途社員の半分以上をリファラルで採用しているようなケースもあります。特にＩＴ業界では、リファラル採用のネットワークを通じて、エンジニアが会社を超えた移動を繰り返しています。さまざまな会社に知人がいて、頼めばその会社に紹介してくれるような関係性が作れていれば、働く会社の選択肢を大きく広げることができます。

また、自分が新しいことを始める際にも、知り合いが多い方が協力してくれる人を探しやすいです。たとえば、新しい技術に興味が湧いて、それについて議論するための勉強会を立ち上げたいと思ったとき、つながっている人が多いほど参加者を広く募ることができるようになります。開発した個人サービスを公開したときにも、知り合いにお願いして初期ユーザーになってもらうことで、有益なフィードバックを得ることができるでしょう。

せっかく新しいことを始めても、誰からも反応がなければモチベーションは途絶え、自信も失ってしまいます。何をするにしても、人のつながりは広いに越したことはありません。

つながりを広げるための手段はいくつもあります。ブログやTwitterなどで質の高い情報発信を続けたりOSSにコミットしたりする中でフォロワーを増やし、オンラインで交流を広げることもできます。また、勉強会やカンファレンスに頻繁に参加し、オフラインのコミュニティで知り合いを増やしていく人もたくさんいます。定期的に転職を繰り返して多くの人と一緒に働くのも、深いつながりを増やす意味では有効かもしれません。

注意すべきは、単純にTwitterのフォロワーを増やすことや名刺を集めることを目的にしても、良いつながりはできないということです。本当に価値のあるつながりとは、相手に価値を届けることによって生まれてきます。

たとえば、仕事で困っていたら助けてくれた人、自分のキャリア選択に大きく影響を与えるコンテンツを発信してくれた人には、自分も何かを返したいと思うものです。

単に人と知り合うだけではなく、周囲の人の活動に協力し続けることで、いざというときに仲間になってくれる人を増やすことができます。勉強会に参加するだけではなく運営を手伝うこと、ＯＳＳを使うだけではなくコントリビュートすること、技術情報を読むだけでなく発信すること。価値を享受する側ではなく生み出す側に回ることで、感謝から生まれるつながりが広がっていきます。

誰も、１人だけでは楽しく働くことはできません。その意味で、会社を超えてなるべく多くの人と深くつながっておくことが、楽しく働くために最も重要なことかもしれません。

まとめ

- 楽しく働き続けるためには、自分の価値を証明し続ける必要がある
- 自分の価値を高めるには、スキルセットをユニークにし、大きな実績をつくることが大切
- 周りの人に価値を届けることで、楽しく働くための仲間をつくることができる

おわりに

この本の名前は、『完全SIer脱出マニュアル』というとても尖ったものです。本の内容だけを見れば、『エンジニアのためのキャリアパス』や『転職から始まるエンジニアのキャリア』といったタイトルでもよかったかもしれません。

それでもこんな批判を浴びそうなタイトルをあえて付けたのは、この本を本当に必要としている人に届けるためです。

本書の対象読者は、「SIerやSES企業でSEや開発をしていて、毎週月曜日の朝に仕事に行くのがつらい人」です。『完全SIer脱出マニュアル』というタイトルであれば、そうした人たちにも「これは自分のための本だ」とすぐに伝わると考えました。また、批判的な意見も含めて少しでも話題になれば、多くの届けたい人にこの本の存在を知ってもらえるのではないかという目論見もありました。

なぜ多くのエンジニアがSIerでミスマッチを感じるかについては、第1章で説明した通りです。もちろん、SIerのすべてを否定する気はありません。しかし、「ITエンジニアとして楽しく働く」という一点において、SIerを「脱出」した方がいいと感じるケースが、身の回りを見てもあまりにも多いと感じています。

生産性の上がらない開発現場、ベンダーと顧客の責任のなすりつけあい、個人が尊重されない多重下請け構造。こうした不幸は、「エンジニアがSIerのエコシステムからユーザー企業の側にたくさん移動し、多くの企業で内製文化が広まる」ことによってでしか解消されないと考えています。

本書がこうしたエンジニアの移動を支援できれば、いずれはこの本を読んでいないエンジニアの中でも楽しく働く人が増えるのではないか。もっと多くの人が自分の仕事を好きになれるような社会に近づくのではないか。そんな大それたことを私は信じています。

本書は、2018年10月に技術書典というイベントで頒布した同タイトルの同人誌がもとになっています。同人誌版にはなかった第4章と第5章を加筆して、より長期的な目線に立って「エンジニアが楽しく働き続けるためには?」という疑問に答えられるような構成になっています。同人誌としての『完全SIer脱出マニュアル』は、当初の目論見の通りにそのタイトルが一人歩きして話題になり、筆者である私のことをまったく知らない人にも届けることができました。

実際に本を読んだ人からは、「この本を読んで転職しました」「自分のキャリアに一筋の光が射しました」など、うれしい反響をいただきました。

もちろん、SIerから転職をした人全員が必ずしも楽しく働けるわけではありません。しかし、自分のキャリアについて真剣に考え、リスクを取って転職をした経験は、次の楽しく働くチャンスをつかむのにきっと役立つはずです。この本が広く出版されることで、さらに多くの人に届き、楽しく働く人が増えることを願っています。


最後に、偶然の出会いからこの本を読んでいるあなたにお願いがあります。いまの日本には、「仕事が楽しくない」「楽しい仕事なんて存在しない」と思いながら働いているエンジニアが想像以上にたくさんいます。

もしつまらなそうに仕事をしているエンジニアの知り合いがいたら、ぜひこの本のことを教えてあげてください。また、この本のことをおすすめできると思ったら、一言でもいいので「#完全SIer脱出マニュアル」でTweetしてください。

そのちょっとした行為が、きっと悩んでいる誰かの背中を押すはずです。

謝辞

『完全SIer脱出マニュアル』は、湊川あい（@llminatoll）さん、沢渡あまね（@amane_sawatari）さんがC&R研究所に同人誌版のことを紹介してくださったことがきっかけで、商業誌としても出版されることになりました。お二人がいたからこそ、この本の内容をさらに広く届けることができました。

また、ポッドキャスト「SIerのSEからWeb系エンジニアに転職したんだが楽しくて仕方がないラジオ」、通称「しがないラジオ」がなければ、そもそも本書の内容をここまで充実させることはできませんでした。ポッドキャスト運営の相方であり同人誌版の共同執筆者である@zuckey_17には、感謝が尽きません。また、「しがないラジオ」には、さまざまなバックグラウンドを持った数十人のゲストの皆さんにご出演いただいています。皆さんから聞いたお話のおかげで、私ひとりの経験を超えて、多様なキャリアの在り方を本書で紹介することができました。趣味で始めたポッドキャストにもかかわらず快くご協力いただき、ありがとうございました。

最後に、本書の出版に当たってご尽力いただいたC&R研究所の方々と、本書を手にとってくださった皆さんに、感謝を申し上げます。これからも、本書がさらに多くの人の手に渡り、楽しく働く人がもっと増えることを、心から願っています。

2019年5月

池上純平

■著者紹介

池上《いけがみ》 純平《じゅんぺい》

東京大学経済学部卒業後、2015年4月に富士通株式会社にSEとして入社し自治体向けシステム開発に携わる。

2016年11月にWeb系スタートアップに転職し、開発、テクニカルサポート、エンジニア採用など幅広い役割を担う。

大手SIerからWeb系スタートアップに転職をしてキャリアが広がった経験から、2017年3月にポッドキャスト『SIerのSEからWeb系エンジニアに転職したんだが楽しくて仕方がないラジオ』略して『しがないラジオ』を開始。

主にエンジニアのゲストを呼んでキャリアについて語ってもらうスタイルで、現在では累計公開エピソード数は100を、累計ゲスト人数は50を突破した。

Twitterアカウントは、@jumpei_ikegami。

編集担当 ： 吉成明久 / カバーデザイン ： 秋田勘助（オフィス・エドモント）

完全SIer脱出マニュアル

2019年7月1日　　初版発行

著　者　池上純平

発行者　池田武人

発行所　株式会社　シーアンドアール研究所
新潟県新潟市北区西名目所4083-6(〒950-3122)
電話　025-259-4293　FAX　025-258-2801

印刷所　株式会社　ルナテック

ISBN978-4-86354-281-5 C3055